冯玉增　黄　陨　张文建　主编

李
病虫草害诊治
生态图谱

Atlas of Diagnosis and Treatment for Disease Pest and Weed Disease of Plum

中国林业出版社
CFPH China Forestry Publishing House

编委会

主　　编：冯玉增　黄　陨　张文建

副 主 编：（以姓氏笔画为序）

李　芳　吕志宏　黄元元　董　磊

编 著 者：冯玉增　黄　陨　张文建　李　芳　吕志宏　黄元元　董　磊

胡善轩　马国丽　王松林

图书在版编目（CIP）数据

李病虫草害诊治生态图谱 / 冯玉增，黄陨，张文建主编 . -- 北京：中国林业出版社，2019.8

ISBN 978-7-5219-0237-2

Ⅰ . ①李… Ⅱ . ①冯… ②黄… ③张… Ⅲ . ①李－病虫害防治－图谱 Ⅳ . ① S436.629-64

中国版本图书馆 CIP 数据核字 (2019) 第 177659 号

策划编辑：何增明

责任编辑：张　华

出版发行　中国林业出版社（100009　北京西城区德内大街刘海胡同 7 号）

电话：（010）83143566

发　　行　中国林业出版社

印　　刷　固安县京平诚乾印刷有限公司

版　　次　2019 年 9 月第 1 版

印　　次　2019 年 9 月第 1 次印刷

开　　本　880mm × 1230mm　1/32

印　　张　8.75

字　　数　370 千字

定　　价　59.00 元

前 言 Preface

李树在我国栽培范围较广，近年发展迅速，面积增大。由于各地自然条件不同、生态环境复杂多样，导致病虫草害种类繁多，危害严重，对李树生产安全构成了直接威胁。由病虫草害引起的品质下降、产量降低以及市场损失更难以计量。防治失当，不合理的使用农药，还会造成果品农药残留超标与环境污染。随着我国人民生活水平的提高，加之我国农产品市场对国际市场的开放程度越来越广，出口量增加，对果品品质、质量安全要求也越来越高。

笔者长期从事果树病虫草害研究与防治技术的推广应用工作，在与果农的长期交往实践中，深知果农到底需要什么，渴望什么。正确认识病虫草害、科学预防、合理用药、降低成本，是广大果农的迫切需求；吃上高品质的放心果品，减少农药残留影响，是广大消费者的迫切愿望。很多果农对果树病虫草害的诊断与防治技术还较落后，现在很多果树栽培类书，有关病虫草害多局限于文字描述，缺乏详实的生态图谱，即便是从事病虫草害研究和技术推广的专业技术人员，也很难通过阅读文字准确识别，而没有果树病虫草害专业知识的果农，就更不可能通过文字描述正确认识果树的病虫草害，从而进行正确的防治了。

为此，笔者早在 20 多年前就自费数千元，购买了当时较先进的数码相机，深入田间、果园拍照，与果农交朋友，收集他们的经验体会。为正确识别病虫草并拍摄生态图片，查阅了大量的果树专业技术文献。为了找全找齐某种虫的各个虫态的生态图，采用沙网袋套袋饲养、夜晚观察、特殊天气条件下观察、昆虫周年生活史观察等方法，争取拍摄出理想的各虫态生态图片。对于病害尽量拍摄到不同发病期、树体不同发病部位的生态图片，对于杂草尽量拍摄到从幼苗到成株的各个生长阶段的生态图片。经过多年辛苦和不懈努力，拍摄积累了我国北方十余种落叶果树、数万张果树病虫草害及天敌生态图片。希望通过自己的努力，编写出版一套图像清晰、色彩真实、病状全面、真正实用的果树病虫草害及无公害防治图谱，同时配以简单而贴切的症状文字描述、发生规律和防治方法，让果农一看就懂、一学就会，用药用工少，防治效益好。

本书出版旨在为果农做点事，为我国北方落叶果树生产做点事，为提高果品产量、改善品质、减少农药残留，为国民果品消费安全，建设生态文明，还绿水青山，尽自己的一份力。

本套丛书包括苹果、梨、石榴、桃、杏、李、柿、枣、核桃、板栗、樱桃、山楂等 12 个分册。每个树种 1 个分册，书中绝大部分照片为田间实拍，清晰度高，色彩逼真。同一种病害尽可能表现在植株不同部位、不同时期的典型症状；同一种害虫尽可能表现出不同虫态，同一虫态尽可能表现不同的龄期、不同的表现型以及害虫危害症状；同一种杂草尽可能表现出从幼苗到成熟期不同的生长龄期；同一种天敌，也尽量提供不同虫态的生态照片。在病虫草害防治方面，坚持“预防为主，综合防治”的农业植保方针，着重介绍最新研究推广的成功经验、新药剂、新方法。

丛书邀请国内在该领域有丰富实践经验的专家共同编写完成。内容突破了以往农业科普读物中以语言文字介绍为主的局限性，更多的采用生态照片，形象生动、文字通俗易懂，内容科学简要、技术先进实用，使读者可以简明、快捷、准确地诊断病虫草害，适时、科学、正确、合理地开展防治。

全书的编写，也引用、借鉴了同行的部分内容，由于篇幅所限，不一一列出，在此一并感谢。

由于编著者水平所限，加之内容宽泛，书中难免有疏漏和不当之处，敬请同行专家、广大读者朋友批评指正。

冯玉增

2019 年 2 月

目 录 Contents

第 3 章 果园主要杂草识别与防治 / 95

第4章 果园害虫主要天敌保护与识别利用 / 117

第5章 果园病虫草无公害综合防治 / 127

参考文献 / 136

生态
图谱

1-1-1	1-1-2
1-1-3	1-2-1
1-2-2	1-2-3

图 1-1-1　李褐腐病病果初期状
图 1-1-2　李褐腐病病果后期状
图 1-1-3　李褐腐病病叶
图 1-2-1　李果腐病病果初期
图 1-2-2　李果腐病病果中期
图 1-2-3　李果腐病病果后期

1-3-1	1-3-2
1-4-1	1-4-3
1-4-2	

图 1-3-1　李炭疽病病果初期

图 1-3-2　李炭疽病病果

图 1-4-1　李袋果病病果

图 1-4-2　李袋果病枝梢

图 1-4-3　李袋果病病果后期

1-5-1	1-6-1
1-6-2	1-6-4
1-6-3	

图 1-5-1　李黑霉病病果
图 1-6-1　李细菌性穿孔病叶前期
图 1-6-2　李细菌性穿孔病叶中期
图 1-6-3　李细菌性穿孔病叶后期
图 1-6-4　李细菌性穿孔病重病枝

1-7-1	1-7-2
1-7-3	
1-7-4	1-8-2
1-8-1	

图 1-7-1　李红点病病叶
图 1-7-2　李红点病病叶中期
图 1-7-3　李红点病病叶中后期
图 1-7-4　李红点病病叶后期
图 1-8-1　李疮痂病病果
图 1-8-2　李疮痂病病枝

1-9-1	1-10-1
1-11-1	1-11-2
1-12-1	1-12-2

图 1-9-1　李褐斑病病叶
图 1-10-1　李木腐病
图 1-11-1　李白粉病嫩枝
图 1-11-2　李白粉病病叶背面
图 1-12-1　李果锈病 1
图 1-12-2　李果锈病 2

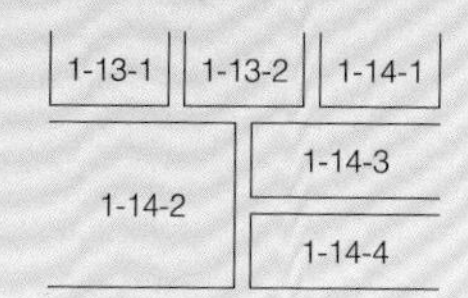

图 1-13-1　李灰色膏药病斑 1
图 1-13-2　李灰色膏药病斑 2
图 1-14-1　李流胶病病干
图 1-14-2　李流胶病病干上的胶
图 1-14-3　李小食心虫幼虫危害李果虫孔流胶
图 1-14-4　机械创伤李果面后流胶

1-15-1	1-15-2
1-16-1	
1-16-2	

图 1-15-1　李腐烂病嫩枝
图 1-15-2　李腐烂病病干
图 1-16-1　李煤污病病叶 1
图 1-16-2　李煤污病病叶 2

1-17-1	1-17-2
1-18-1	1-18-2
1-18-3	1-19-1

图 1-17-1　李根癌病症状

图 1-17-2　李根癌病根对应大枝逐渐枯死

图 1-18-1　李裂果病症状 1

图 1-18-2　李裂果病症状 2

图 1-18-3　李裂果病果后期霉变

图 1-19-1　李日灼病病果

2-1-1	2-1-2
2-1-3	2-1-4
2-2-1	2-2-2

图 2-1-1　李实蜂幼虫
图 2-1-2　李实蜂幼虫蛀果孔
图 2-1-3　李实蜂幼虫脱果孔
图 2-1-4　李实蜂幼虫危害状
图 2-2-1　杏虎象成虫
图 2-2-2　杏虎象危害果实状

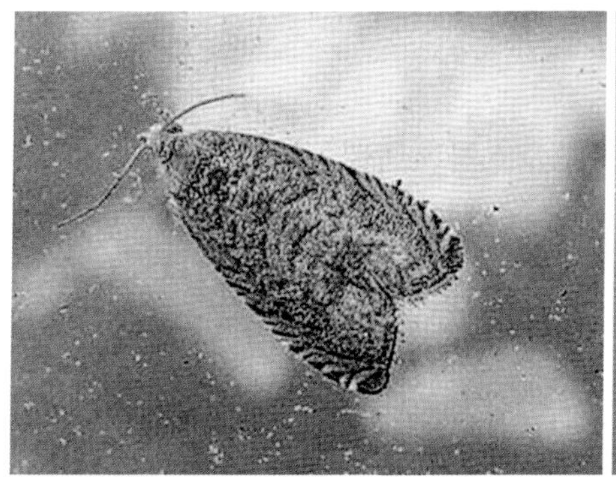

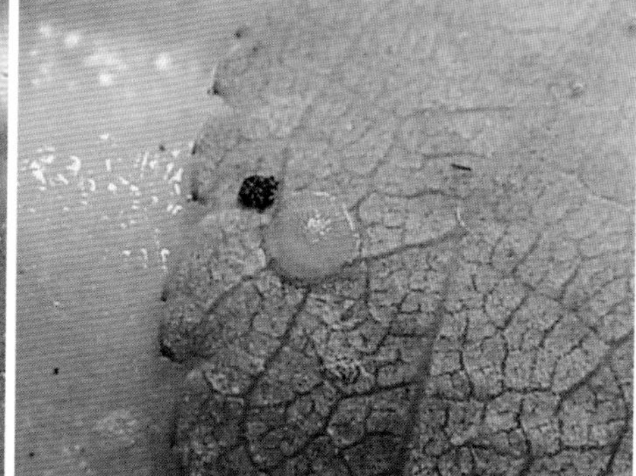

2-3-1	2-3-2
2-3-3	
2-3-4	

图 2-3-1　李小食心虫成虫
图 2-3-2　李小食心虫卵
图 2-3-3　李小食心虫幼虫
图 2-3-4　李小食心虫幼虫蛀果后在果孔处流出果胶

2-4-1	2-4-2
2-4-3	2-4-4
2-4-5	2-4-6

图 2-4-1　桃蛀螟成虫
图 2-4-2　桃蛀螟幼虫
图 2-4-3　桃蛀螟幼虫危害李果早红
图 2-4-4　桃蛀螟幼虫危害李果内部状
图 2-4-5　桃蛀螟幼虫危害李果状
图 2-4-6　桃蛀螟幼虫危害李果状

2-5-1	2-5-2
2-5-3	2-5-4
2-6-1	2-6-2

图 2-5-1　梨小食心虫成虫
图 2-5-2　梨小食心虫幼虫
图 2-5-3　梨小食心虫幼虫危害李梢状
图 2-5-4　梨小食心虫幼虫危害李梢枯
图 2-6-1　李短尾蚜
图 2-6-2　李短尾蚜危害李嫩梢

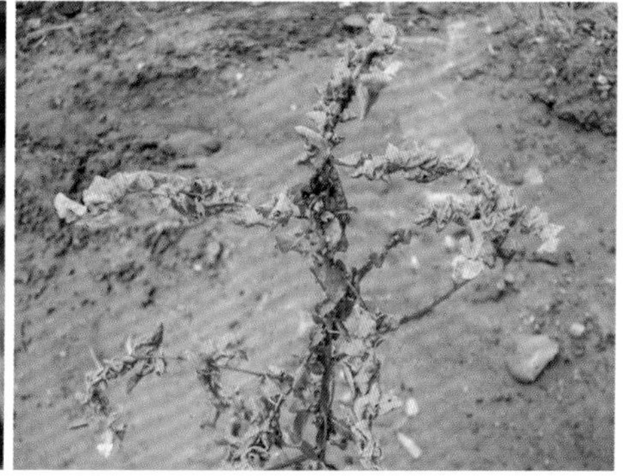

2-7-1	2-7-2
2-8-1	2-8-2
2-8-3	2-8-4

图 2-7-1　杏缢管蚜

图 2-7-2　杏缢管蚜害危害状

图 2-8-1　杏星毛虫成虫

图 2-8-2　杏星毛虫成虫交尾

图 2-8-3　杏星毛虫低龄幼虫

图 2-8-4　杏星毛虫成龄幼虫

图 2-9-1　绿尾大茧蛾雌成虫

图 2-9-2　绿尾大蚕蛾雄成虫

图 2-9-3　绿尾大蚕蛾成虫交尾

图 2-9-4　绿尾大蚕蛾卵

图 2-9-5　绿尾大蚕蛾初孵幼虫

图 2-9-6　绿尾大蚕蛾 3 龄前幼虫

图 2-9-7　绿尾大蚕蛾 4 龄幼虫

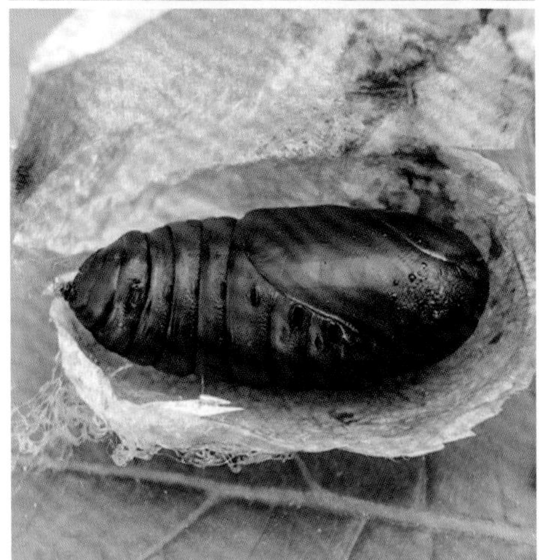

2-9-8	
2-9-9	2-9-10
2-9-11	

图 2-9-8　绿尾大蚕蛾成龄幼虫

图 2-9-9　绿尾大蚕蛾缀叶茧

图 2-9-10　绿尾大蚕蛾越冬茧

图 2-9-11　绿尾大蚕蛾蛹

图 2-10-1　茶蓑蛾雄成虫
图 2-10-2　茶蓑蛾雌成虫
图 2-10-3　茶蓑蛾成虫交尾
图 2-10-4　茶蓑蛾幼虫
图 2-10-5　茶蓑蛾囊
图 2-10-6　茶蓑蛾蛹
图 2-10-7　茶蓑蛾雄成虫羽化蛹壳外露

2-11-1	2-11-2
2-11-3	2-11-4
2-11-5	2-11-6

图 2-11-1　白囊蓑蛾雄成虫
图 2-11-2　白囊蓑蛾雌成虫
图 2-11-3　白囊蓑蛾幼虫
图 2-11-4　白囊蓑蛾囊
图 2-11-5　白囊蓑蛾蛹
图 2-11-6　白囊蓑蛾雄成虫羽化蛹壳外露

2-12-1	2-12-2
2-12-3	2-12-4
2-12-5	2-12-6

图 2-12-1　黄刺蛾成虫
图 2-12-2　黄刺蛾成虫交尾状
图 2-12-3　黄刺蛾中龄幼虫
图 2-12-4　黄刺蛾卵
图 2-12-5　黄刺蛾幼龄幼虫群集危害状
图 2-12-6　黄刺蛾低龄幼虫群集危害状

2-12-7	2-12-8
2-12-9	2-12-10
2-12-11	2-12-12

图 2-12-7　黄刺蛾成龄幼虫
图 2-12-8　黄刺蛾老龄幼虫
图 2-12-9　黄刺蛾茧
图 2-12-10　黄刺蛾蛹
图 2-12-11　黄刺蛾茧上羽化孔
图 2-12-12　黄刺蛾茧被寄生

2-13-1	2-13-2
2-13-3	2-13-4
2-13-5	2-13-6

图 2-13-1　白眉刺蛾成虫
图 2-13-2　白眉刺蛾低龄幼虫
图 2-13-3　白眉刺蛾中龄幼虫
图 2-13-4　白眉刺蛾成龄幼虫
图 2-13-5　白眉刺蛾夏茧
图 2-13-6　白眉刺蛾冬茧

2-14-1	2-14-2	2-14-3
2-14-4	2-14-5	2-14-6
2-14-7	2-14-8	
2-14-9		

图 2-14-1　丽绿刺蛾成虫
图 2-14-2　丽绿刺蛾成虫交尾
图 2-14-3　丽绿刺蛾幼龄幼虫
图 2-14-4　丽绿刺蛾低龄幼虫
图 2-14-5　丽绿刺蛾低龄幼群集危害状
图 2-14-6　丽绿刺蛾成龄幼虫
图 2-14-7　丽绿刺蛾茧
图 2-14-8　丽绿刺蛾越冬茧及羽化茧
图 2-14-9　丽绿刺蛾蛹

图 2-15-1　扁刺蛾成虫
图 2-15-2　扁刺蛾卵
图 2-15-3　扁刺蛾幼龄幼虫
图 2-15-4　扁刺蛾中龄幼虫
图 2-15-5　扁刺蛾成龄幼虫
图 2-15-6　扁刺蛾茧
图 2-15-7　扁刺蛾越冬茧

2-16-1	2-16-2
	2-16-3
	2-16-4
	2-16-5

图 2-16-1　金毛虫成虫
图 2-16-2　金毛虫成虫腹末黄毛
图 2-16-3　金毛虫幼虫
图 2-16-4　金毛虫幼虫危害李果
图 2-16-5　金毛虫幼虫危害李果

图 2-17-1　茸毒蛾雄成虫

图 2-17-2　茸毒蛾雌成虫

图 2-17-3　茸毒蛾卵

图 2-17-4　茸毒蛾低龄幼虫

图 2-17-5　茸毒蛾中龄幼虫

图 2-17-6　茸毒蛾成龄幼虫

图 2-17-7　茸毒蛾老龄幼虫

图 2-17-8　茸毒蛾茧

2-18-1	2-18-2
2-18-3	2-18-4
2-18-5	2-18-6

图 2-18-1　麻皮蝽成虫

图 2-18-2　麻皮蝽成虫交尾

图 2-18-3　麻皮蝽卵及初孵若虫

图 2-18-4　麻皮蝽低龄若虫

图 2-18-5　麻皮蝽若虫

图 2-18-6　麻皮蝽大龄若虫

2-19-1	2-19-2
2-19-3	2-19-4

图 2-19-1　茶翅蝽成虫
图 2-19-2　茶翅蝽卵及初孵若虫
图 2-19-3　茶翅蝽若虫
图 2-19-4　茶翅蝽成虫危害李果

图 2-20-1　桑剑纹夜蛾成虫
图 2-20-2　桑剑纹夜蛾幼虫
图 2-21-1　桃剑纹夜蛾成虫
图 2-21-2　桃剑纹夜蛾幼虫
图 2-21-3　桃剑纹夜蛾茧
图 2-22-1　果剑纹夜蛾成虫
图 2-22-2　果剑纹夜蛾幼虫

2-23-1	2-23-2	
2-23-3	2-23-4	
2-23-5	2-23-6	2-23-7
2-23-8	2-23-9	2-23-10

图 2-23-1　美国白蛾成虫
图 2-23-2　美国白蛾成虫交尾
图 2-23-3　美国白蛾成虫正在产卵
图 2-23-4　美国白蛾卵
图 2-23-5　美国白蛾初龄幼虫群害
图 2-23-6　美国白蛾低幼虫群害叶
图 2-23-7　美国白蛾幼虫
图 2-23-8　美国白蛾幼虫腹面
图 2-23-9　美国白蛾蛹
图 2-23-10　美国白蛾危害状

2-24-1

2-24-2

2-23-3

图 2-24-1　桃天蛾成虫
图 2-24-2　桃天蛾成龄幼虫
图 2-24-3　桃天蛾老龄幼虫

2-25-1	2-25-2
2-25-3	2-25-4
2-25-5	2-25-6

图 2-25-1　山楂叶螨 1
图 2-25-2　山楂叶螨 2
图 2-25-3　山楂叶螨危害李结网状
图 2-25-4　山楂叶螨危害李叶背面
图 2-25-5　山楂叶螨危害李叶正面
图 2-25-6　山楂叶螨危害李叶枯状

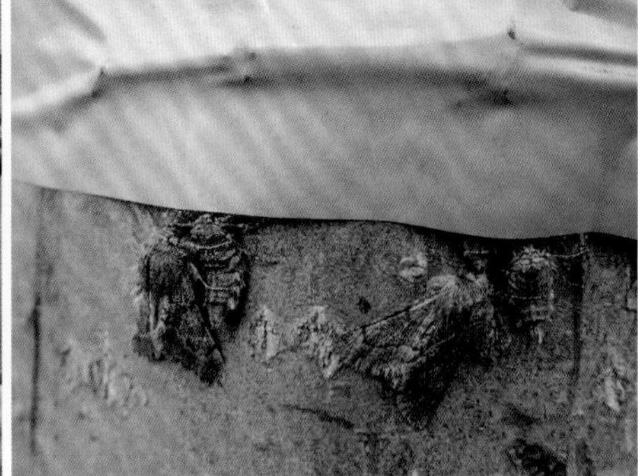

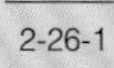

2-26-2

2-27-1

2-27-2 2-27-3

图 2-26-1 四星尺蠖成虫
图 2-26-2 四星尺蠖幼虫
图 2-27-1 春尺蠖雌成虫（左）雄成虫（右）
图 2-27-2 春尺蠖幼虫
图 2-27-3 黏虫带阻春尺蠖上树

2-28-1	2-28-2
2-29-1	2-29-2
2-29-3	2-29-4

图 2-28-1　小绿叶蝉成虫
图 2-28-2　小绿叶蝉若虫
图 2-29-1　桃潜蛾成虫
图 2-29-2　桃潜蛾越冬型成虫
图 2-29-3　桃潜蛾幼虫危害叶状
图 2-29-4　桃潜蛾茧

2-30-2

2-31-1 2-31-2

2-31-3 2-31-4

图 2-30-1　双线盗毒蛾成虫
图 2-30-2　双线盗毒蛾幼虫
图 2-31-1　白小食心虫成虫
图 2-31-2　白小食心虫幼虫
图 2-31-3　白小食心虫越冬型幼虫
图 2-31-4　白小食心虫茧和幼虫

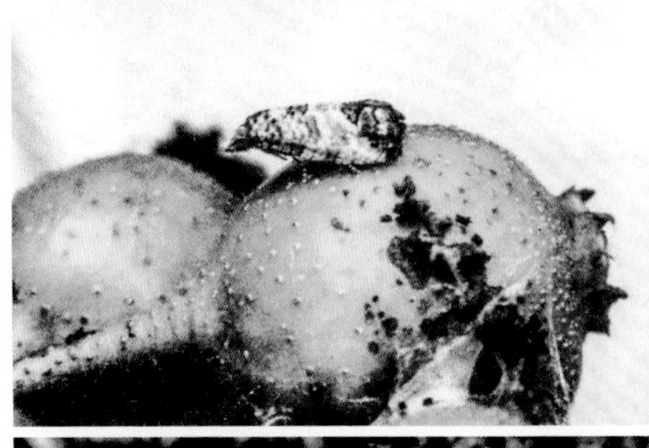

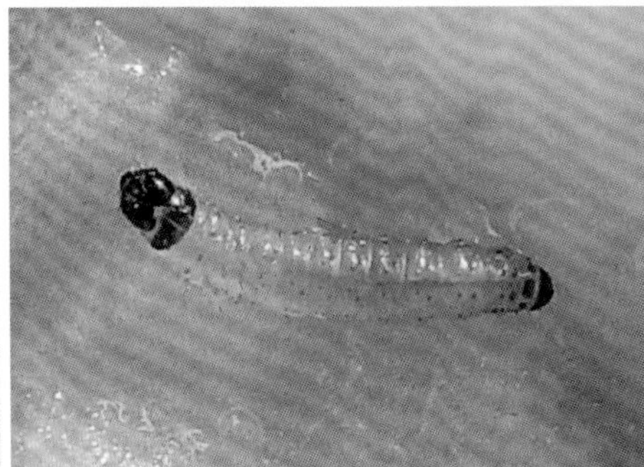

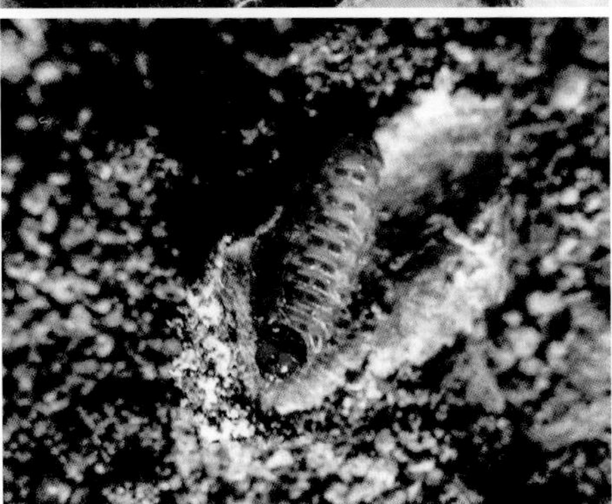

2-32-1	2-32-2
2-32-3	2-32-4

图 2-32-1　白星花金龟成虫

图 2-32-2　白星花金龟成虫交尾

图 2-32-3　白星花金龟幼虫（蛴螬）

图 2-32-4　白星花金龟蛹

2-33-1	
2-33-2	2-33-3
2-33-4	2-33-5

图 2-33-1　大青叶蝉成虫
图 2-33-2　大青叶蝉成虫产卵
图 2-33-3　大青叶蝉卵
图 2-33-4　大青叶蝉若虫
图 2-33-5　大青叶蝉若虫蜕皮

2-34-1
2-34-2
2-35-1 2-35-2

图 2-34-1　短额负蝗
图 2-34-2　短额负蝗交尾状
图 2-35-1　二斑叶螨
图 2-35-2　二斑叶螨危害状

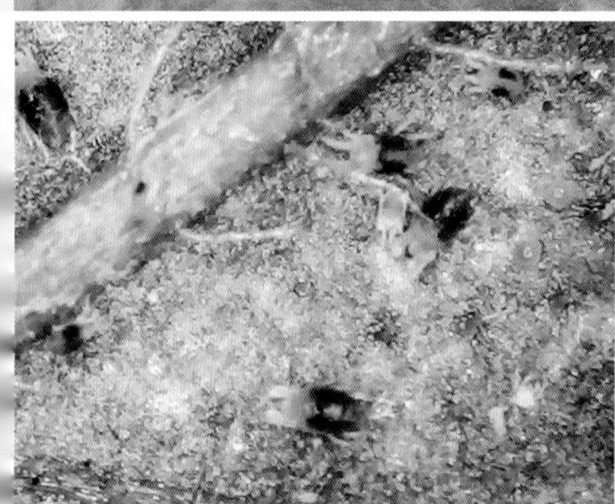

2-36-1

2-36-2

2-36-3 2-36-4

图 2-36-1　古毒蛾雄成虫
图 2-36-2　古毒蛾雌成虫及卵
图 2-36-3　古毒蛾幼虫
图 2-36-4　古毒蛾茧

2-37-1	2-37-2
2-37-3	2-37-4
2-37-5	2-37-6

图 2-37-1　褐刺蛾成虫
图 2-37-2　褐刺蛾低龄幼虫
图 2-37-3　褐刺蛾中龄幼虫
图 2-37-4　褐刺蛾老龄幼虫
图 2-37-5　褐刺蛾夏茧
图 2-37-6　褐刺蛾越冬茧

2-38-1	2-38-2
2-38-3	2-39-1
2-39-2	2-39-3

图 2-38-1　黑额光叶甲成虫
图 2-38-2　黑额光叶甲成虫交尾
图 2-38-3　黑额光叶甲危害李叶
图 2-39-1　黑绒金龟成虫
图 2-39-2　黑绒金龟交尾
图 2-39-3　黑绒金龟幼虫（蛴螬）

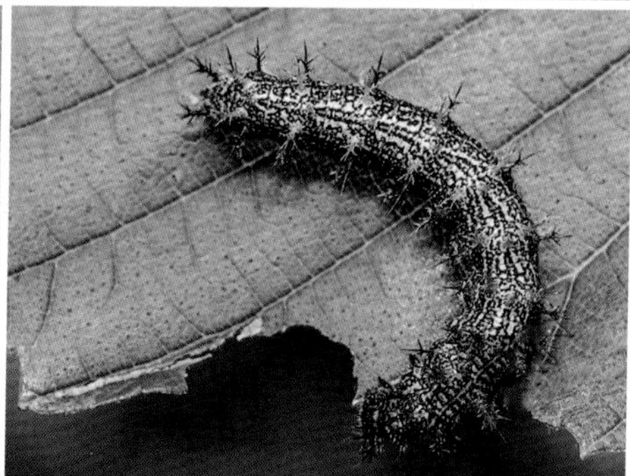

2-40-1	
2-40-2	2-40-3
2-40-4	

图 2-40-1　黄钩蛱蝶成虫
图 2-40-2　黄钩蛱蝶前翅背面
图 2-40-3　黄钩蛱蝶幼虫
图 2-40-4　黄钩蛱蝶茧

2-41-1	2-41-2
2-41-3	2-41-4
2-41-5	2-41-6

图 2-41-1　黄褐天幕毛虫成虫
图 2-41-2　黄褐天幕毛虫卵
图 2-41-3　黄褐天幕毛虫幼虫群害
图 2-41-4　黄褐天幕毛虫幼虫群害及网幕
图 2-41-5　黄褐天幕毛虫茧
图 2-41-6　黄褐天幕毛虫蛹

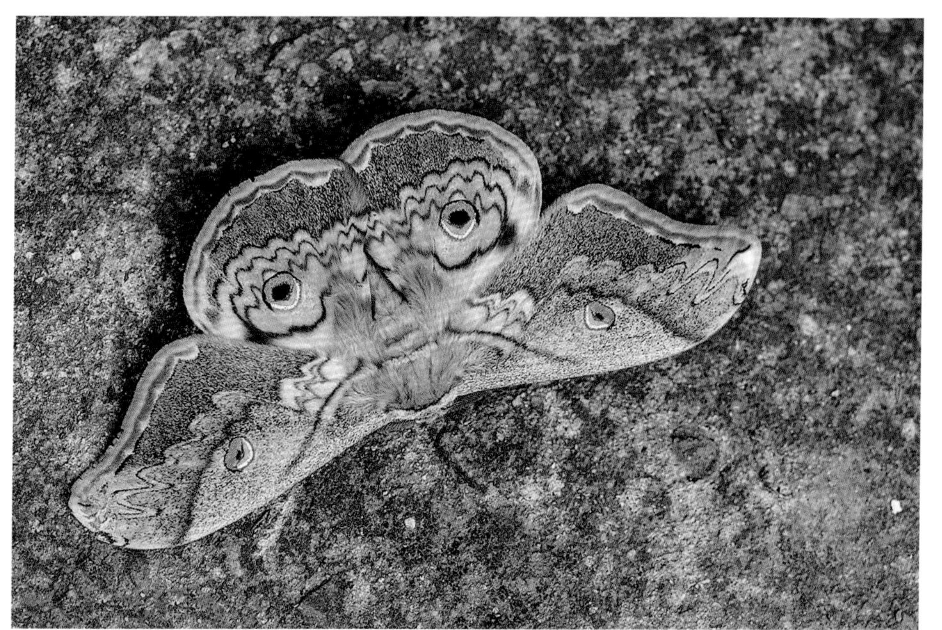

2-42-1

2-42-2 2-42-3

2-42-4

图 2-42-1　角斑古毒蛾雄成虫

图 2-42-2　角斑古毒蛾雌成虫及卵

图 2-42-3　角斑古毒蛾幼虫

图 2-42-4　角斑古毒蛾蛹

图 2-43-1 康氏粉蚧雌成虫
图 2-43-2 康氏粉蚧卵
图 2-43-3 康氏粉蚧若虫
图 2-43-4 康氏粉蚧集中危害枝条状
图 2-43-5 康氏粉蚧危害树干

图 2-44-1　枯叶夜蛾成虫
图 2-44-2　枯叶夜蛾幼虫
图 2-44-3　枯叶夜蛾蛹
图 2-45-1　梨尺蠖成虫
图 2-45-2　梨尺蠖幼虫
图 2-46-1　梨蝽成虫
图 2-46-2　梨蝽初羽成虫

2-47-1

2-47-2

2-47-3

图 2-47-1　梨刺蛾成虫

图 2-47-2　梨刺蛾中龄幼虫

图 2-47-3　梨刺蛾成龄幼虫

2-48-1
2-48-2
2-48-3
2-49-1 2-49-2

图 2-48-1　梨剑纹夜蛾成虫
图 2-48-2　梨剑纹夜蛾幼虫
图 2-48-3　梨剑纹夜蛾幼虫头部
图 2-49-1　梨叶蜂幼虫
图 2-49-2　梨叶蜂幼虫群集取食叶片

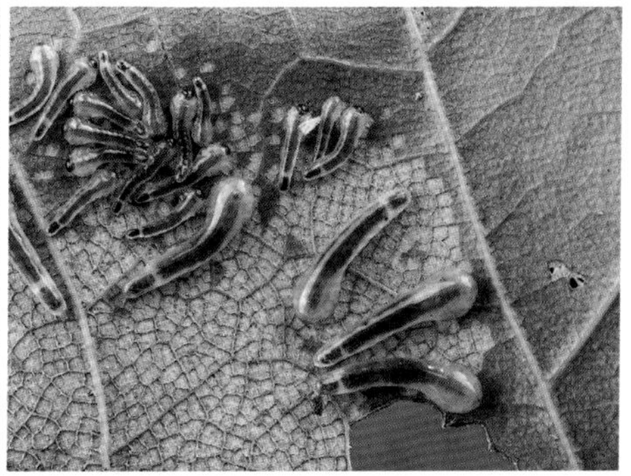

2-50-1	2-50-2
2-50-3	2-50-4
2-50-5	2-51-1

图 2-50-1　李枯叶蛾成虫
图 2-50-2　李枯叶蛾卵
图 2-50-3　李枯叶蛾幼虫
图 2-50-4　李枯叶蛾茧
图 2-50-5　李枯叶蛾蛹
图 2-51-1　李叶甲

图 2-52-1　栗毒蛾雄成虫
图 2-52-2　栗毒蛾雌成虫
图 2-52-3　栗毒蛾雌成虫产卵
图 2-52-4　栗毒蛾幼虫
图 2-52-5　栗毒蛾茧
图 2-53-1　柳蝙蛾成虫
图 2-53-2　柳蝙蛾幼虫

图 2-54-1　柳毒蛾成虫
图 2-54-2　柳毒蛾成虫交尾状
图 2-54-3　柳毒蛾幼虫
图 2-54-4　柳毒蛾蛹
图 2-55-1　苹果大卷叶蛾成虫
图 2-55-2　苹果大卷叶蛾幼虫
图 2-55-3　苹果大卷叶蛾蛹

图 2-56-1　苹果小卷叶蛾成虫
图 2-56-2　苹果小卷叶蛾卵
图 2-56-3　苹果小卷叶蛾幼虫
图 2-56-4　苹果小卷叶蛾蛹
图 2-57-1　苹毛丽金龟成虫
图 2-57-2　苹毛丽金龟幼虫（蛴螬）

图 2-58-1　苹掌舟蛾成虫
图 2-58-2　苹掌舟蛾卵
图 2-58-3　苹掌舟蛾低龄幼虫群集危害
图 2-58-4　苹掌舟蛾中龄幼虫群集危害
图 2-58-5　苹掌舟蛾成龄幼虫
图 2-58-6　苹掌舟蛾蛹

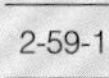

2-59-1
2-59-2
2-59-3 2-59-4
2-59-5 2-59-6

图 2-59-1　人纹污灯蛾成虫背面观
图 2-59-2　人纹污灯蛾成虫腹背红色
图 2-59-3　人纹污灯蛾卵
图 2-59-4　人纹污灯蛾中龄幼虫
图 2-59-5　人纹污灯蛾成龄幼虫
图 2-59-6　人纹污灯蛾老龄幼虫

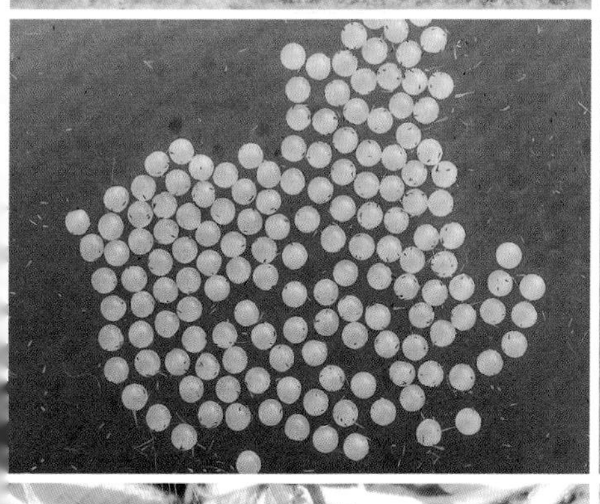

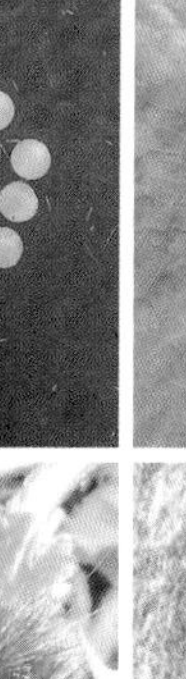

2-60-1	
2-60-2	2-60-3

图 2-60-1　山楂绢粉蝶成虫
图 2-60-2　山楂绢粉蝶成虫（左）、茧（右）
图 2-60-3　山楂绢粉蝶幼虫

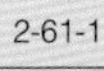

2-61-1

2-61-2

2-61-3	2-61-5
2-61-4	2-61-6

图 2-61-1　折带黄毒蛾成虫
图 2-61-2　折带黄毒蛾幼龄幼虫群集危害
图 2-61-3　折带黄毒蛾中龄幼虫
图 2-61-4　折带黄毒蛾成龄幼虫
图 2-61-5　折带黄毒蛾老龄幼虫
图 2-61-6　折带黄毒蛾蛹

2-62-1	2-62-2
2-62-3	2-62-4
2-62-5	2-62-6

图 2-62-1　柿毛虫雄成虫
图 2-62-2　柿毛虫雌成虫及卵块
图 2-62-3　柿毛虫成虫（上雌下雄）交尾
图 2-62-4　柿毛虫卵
图 2-62-5　柿毛虫成龄幼虫
图 2-62-6　柿毛虫老龄幼虫

2-63-1	2-64-1
2-64-2	2-65-1
2-65-2	2-65-3

图 2-63-1　桃白条紫斑螟幼虫

图 2-64-1　桃黄卷叶蛾成虫

图 2-64-2　桃黄斑卷叶蛾幼虫

图 2-65-1　铜绿金龟成虫

图 2-65-2　铜绿金龟成虫交尾状

图 2-65-3　铜绿金龟幼虫（蛴螬）

2-66-1	2-66-2
2-66-3	2-67-1
2-67-2	2-67-3

图 2-66-1　小青花金龟成虫
图 2-66-2　小青花金龟成虫羽化
图 2-66-3　小青花金龟幼虫（蛴螬）
图 2-67-1　杏白带麦蛾成虫
图 2-67-2　杏白带麦蛾成虫
图 2-67-3　杏白带麦蛾幼虫

2-68-1	2-68-2
2-68-3	
2-69-1	2-69-2

图 2-68-1　绣线菊蚜
图 2-68-2　绣线菊蚜危害叶
图 2-68-3　绣线菊蚜危害嫩梢
图 2-69-1　芽白小卷蛾成虫
图 2-69-2　芽白小卷蛾幼虫

2-70-1	2-70-2
	2-70-3
	2-70-4
	2-70-5

图 2-70-1　艳叶夜蛾成虫侧面观

图 2-70-2　艳叶夜蛾成虫

图 2-70-3　艳叶夜蛾幼虫 1

图 2-70-4　艳叶夜蛾幼虫 2

图 2-70-5　艳叶夜蛾蛹

2-71-1	2-71-2
2-71-3	2-71-4

图 2-71-1　杨枯夜蛾成虫

图 2-71-2　杨枯叶蛾卵

图 2-71-3　杨枯夜蛾成虫及蛹（上）

图 2-71-4　杨枯夜蛾幼虫

2-72-1	2-72-2
2-72-3	2-72-4
2-72-5	2-72-6

图 2-72-1　银杏大蚕蛾成虫

图 2-72-2　银杏大蚕蛾卵

图 2-72-3　银杏大蚕蛾幼龄幼虫

图 2-72-4　银杏大蚕蛾低龄幼虫

图 2-72-5　银杏大蚕蛾成龄幼虫

图 2-72-6　银杏大蚕蛾茧及蛹

图 2-73-1　云斑腮金龟成虫
图 2-73-2　云斑腮金龟成虫腹面观
图 2-73-3　云斑腮金龟幼虫（上）、蛹（下）
图 2-74-1　枣刺蛾成虫
图 2-74-2　枣刺蛾中龄幼虫
图 2-74-3　枣刺蛾成龄幼虫
图 2-74-4　枣刺蛾羽化茧

2-75-1

2-75-2

2-75-3　2-75-4

图 2-75-1　嘴壶夜蛾成虫侧面观
图 2-75-2　嘴壶夜蛾成虫背面观
图 2-75-3　嘴壶夜蛾幼虫
图 2-75-4　嘴壶夜蛾蛹

2-76-1	2-76-2
2-76-3	
2-76-4	

图 2-76-1　斑衣蜡蝉成虫群害
图 2-76-2　斑衣蜡蝉卵
图 2-76-3　斑衣蜡蝉越冬卵块
图 2-76-4　斑衣蜡蝉正在羽化

2-76-5	2-76-6
2-76-7	2-76-8

图 2-76-5　斑衣蜡蝉初羽化若虫
图 2-76-6　斑衣蜡蝉 3 龄前若虫群害
图 2-76-7　斑衣蜡蝉 4 龄后若虫
图 2-76-8　斑衣蜡蝉初羽成虫

2-77-1	2-77-2
2-77-3	2-77-4

图 2-77-1 柿广翅蜡蝉成虫
图 2-77-2 柿广翅蜡蝉正产卵
图 2-77-3 柿广翅蜡蝉产卵枝
图 2-77-4 柿广翅蜡蝉若虫

图 2-78-1　阔胫赤绒金龟成虫
图 2-78-2　阔胫赤绒金龟成虫交尾叶
图 2-78-3　阔胫赤绒金龟危害李叶状
图2-78-4　阔胫赤绒金龟幼虫(蛴螬)

图 2-79-1　黑蝉成虫
图 2-79-2　被害枝中黑蝉卵
图 2-79-3　黑蝉若虫
图 2-79-4　黑蝉成虫羽化
图 2-79-5　黑蝉初羽成虫
图 2-79-6　黑蝉蝉蜕
图 2-79-7　感病黑蝉
图 2-79-8　黑蝉危害枝枯

2-79-1

2-79-2

2-79-3　2-79-4　2-79-5

2-79-6　2-61-7　2-79-8

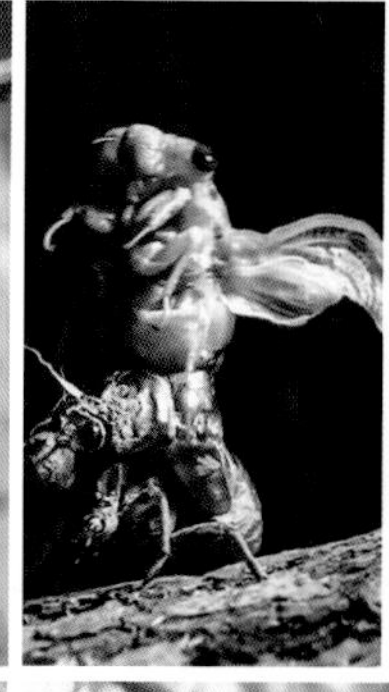

2-80-1	2-80-2
	2-80-3
2-80-4	
2-80-5	2-80-6
2-80-7	2-80-8

图 2-80-1　草履蚧雄成虫

图 2-80-2　草履蚧雌成虫

图 2-80-3　草履蚧雌成虫腹面观

图 2-80-4　草履蚧雌雄交尾状

图 2-80-5　草履蚧成虫下树产卵越夏

图 2-80-6　草履蚧集中危害

图 2-80-7　草履蚧若虫蜕皮

图 2-80-8　黄色黏虫纸缠树干阻草履蚧雌虫上树

2-81-1	2-81-2
2-81-3	2-81-4
2-82-1	2-82-2

图 2-81-1　桑白蚧雌成虫介壳
图 2-81-2　桑白蚧初孵化若虫
图 2-81-3　桑白蚧雄虫及天敌红点唇瓢虫幼虫（中）
图 2-81-4　桑白蚧雌雄混发
图 2-82-1　杏球坚蚧
图 2-82-2　杏球坚蚧若虫

图 2-83-1　桃小蠹成虫
图 2-83-2　桃小蠹成虫蛀害孔
图 2-83-3　桃小蠹成虫蛀害树干
图 2-83-4　桃小蠹蛀害干状

2-84-1	2-84-2
2-84-3	2-84-4
	2-84-5

图 2-84-1　桃红颈天牛成虫
图 2-84-2　桃红颈天牛幼虫
图 2-84-3　桃红颈天牛成虫危害树干
图 2-84-4　桃红颈天牛幼虫危害树干状
图 2-84-5　桃红颈天牛危害枝枯

2-85-1	2-85-2
2-85-3	2-85-4
2-85-5	2-85-6

图 2-85-1　粒肩天牛成虫
图 2-85-2　粒肩天牛幼虫
图 2-85-3　粒肩天牛蛹
图 2-85-4　粒肩天牛成虫枝上产卵刻槽
图 2-85-5　粒肩天牛危害状
图 2-85-6　粒肩天牛危害李枯死株

2-86-1	2-86-2
2-86-3	2-87-1
2-87-2	2-87-3

图 2-86-1　梨金缘吉丁虫成虫
图 2-86-2　梨金缘吉丁虫幼虫
图 2-86-3　梨金缘吉丁虫危害状
图 2-87-1　六星吉丁虫成虫
图 2-87-2　六星吉丁虫幼虫
图 2-87-3　六星吉丁虫蛹

2-88-1	2-88-2
2-88-3	2-89-1
2-89-2	2-89-3

图 2-88-1　碧蛾蜡蝉成虫
图 2-88-2　碧蛾蜡蝉成虫产卵状
图 2-88-3　碧蛾蜡蝉若虫
图 2-89-1　芳香木蠹蛾成虫
图 2-89-2　芳香木蠹蛾低龄幼虫及危害状
图 2-89-3　芳香木蠹蛾成龄幼虫

2-90-1 | 2-90-2 | 2-90-3 | 2-90-4

图 2-90-1　光肩星天牛成虫

图 2-90-2　光肩星天牛成虫交尾

图 2-90-3　光肩星天牛幼虫

图 2-90-4　光肩星天牛幼虫危害状

2-91-1
2-91-2
2-91-3

图 2-91-1　海棠透翅蛾成虫
图 2-91-2　海棠透翅蛾幼虫
图 2-91-3　海棠透翅蛾产卵刻巢

图 2-92-1　梨豹蠹蛾成虫

图 2-92-2　梨豹蠹蛾幼虫

图 2-92-3　梨豹蠹蛾幼虫危害李断干

图 2-93-1　梨眼天牛成虫

图 2-93-2　梨眼天牛枝上产卵“H”形痕

图 2-93-3　梨眼天牛幼虫

图 2-93-4　梨眼天牛蛀害孔

图 2-94-1　梨圆蚧
图 2-94-2　梨圆蚧危害枝干状
图 2-95-1　柳干木蠹蛾幼虫
图 2-95-2　柳干木蠹蛾成虫

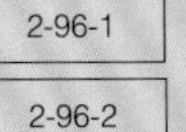

图 2-96-1　枣龟蜡蚧雌蚧及卵
图 2-96-2　枣龟蜡蚧雌蚧危害枝干
图 2-96-3　枣龟蜡蚧雌蚧危害状
图 2-96-4　枣龟蜡蚧雄虫介壳
图 2-96-5　枣龟蜡雌雄蚧混发

3-1-1	
3-1-2	3-1-3

图 3-1-1　车前草 1
图 3-1-2　车前草 2
图 3-1-3　车前草 3

3-2-1

3-2-2 3-2-3

图 3-2-1　灯笼草
图 3-2-2　灯笼草的花
图 3-2-3　灯笼草的果

3-3-1

3-3-2 | 3-3-3

图 3-3-1　红蓼

图 3-3-2　红蓼的花

图 3-3-3　红蓼的秆

3-4-1

3-4-2

图 3-4-1　猫眼草 1
图 3-4-2　猫眼草 2

3-5-1 3-5-2

3-5-3

3-5-4

图 3-5-1 米口袋植株

图 3-5-2 米口袋的叶

图 3-5-3 米口袋的花

图 3-5-4 米口袋的果

3-6-1	3-6-2
3-6-3	
3-6-4	
3-6-5	

图 3-6-1　牵牛花 1
图 3-6-2　牵牛花 2
图 3-6-3　牵牛花 3
图 3-6-4　牵牛花 4
图 3-6-5　牵牛花 5

3-7-1	
3-7-2	3-7-3

图 3-7-1　铁苋 1
图 3-7-2　铁苋 2
图 3-7-3　铁苋 3

3-8-1 3-8-2
3-8-3
3-8-4

图 3-8-1 小冠花植株

图 3-8-2 小冠花叶

图 3-8-3 小冠花开花状

图 3-8-4 小冠花荚果

3-9-1	3-9-2
3-9-3	

图 3-9-1　旋覆花
图 3-9-2　旋覆花茎秆
图 3-9-3　旋覆花

3-10-1	
3-10-2	
3-11-1	3-11-2

图 3-10-1　鸭跖草
图 3-10-2　鸭跖草的花
图 3-11-1　黄蒿的花
图 3-11-2　黄蒿的花

3-12-1
3-12-2
3-12-3

图 3-12-1　酸模叶蓼
图 3-12-2　酸模叶蓼花
图 3-12-3　酸模叶蓼植株

3-13-1 3-13-2

3-13-3

3-13-4

图 3-13-1 茜草植株

图 3-13-2 茜草花

图 3-13-3 茜草茎

图 3-13-4 茜草果

3-14-1	
3-14-2	3-15-1
	3-15-2

图 3-14-1　早熟禾 1
图 3-14-2　早熟禾 2
图 3-15-1　蒲草 1
图 3-15-2　蒲草 2

3-16-1

3-16-2

图 3-16-1　画眉草 1
图 3-16-2　画眉草 2

3-17-1	3-17-2
3-17-3	

图 3-17-1　狼尾草 1
图 3-17-2　狼尾草 2
图 3-17-3　狼尾草 3

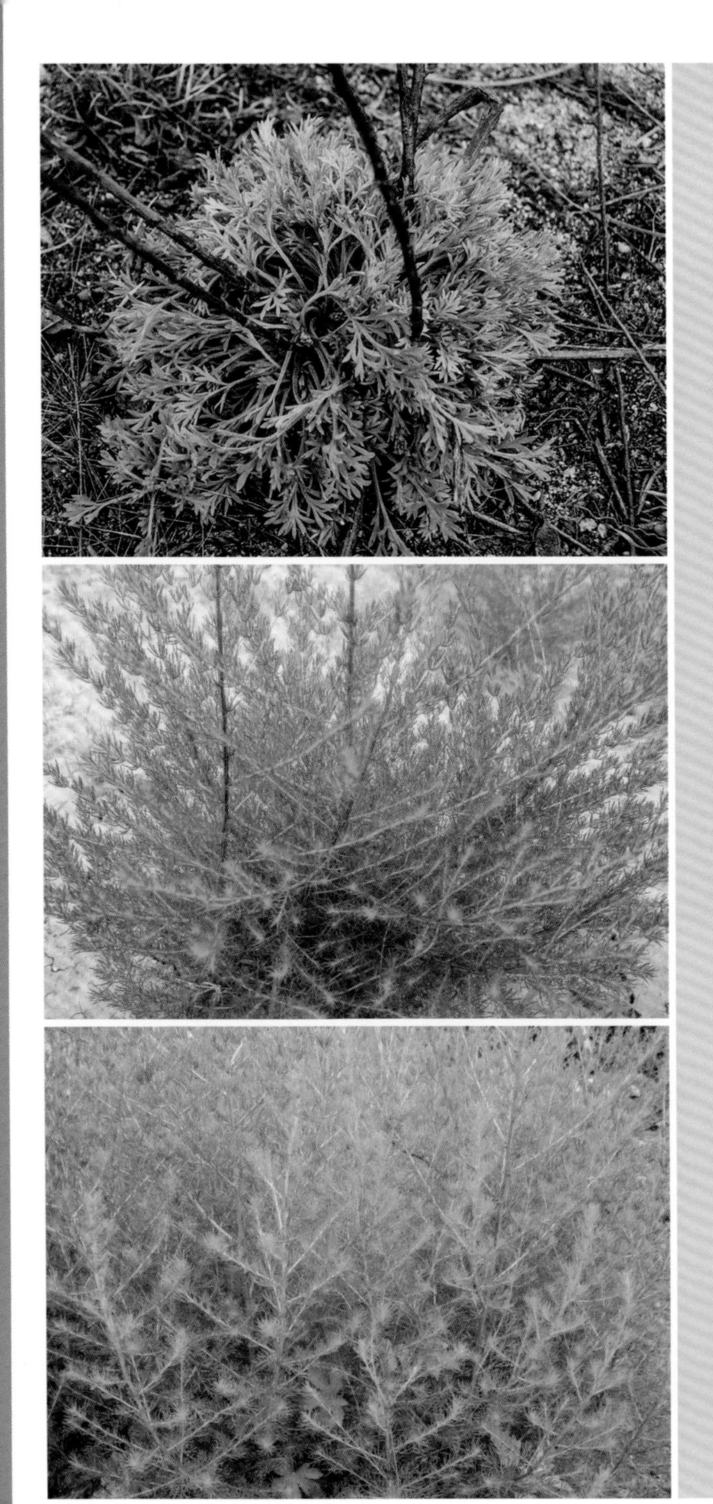

3-18-1

3-18-2

3-18-3

图 3-18-1　白蒿 1
图 3-18-2　白蒿 2
图 3-18-3　白蒿 3

3-19-1	3-19-2
3-19-3	
	3-19-4

图 3-19-1　地丁草
图 3-19-2　地丁草花
图 3-19-3　地丁草荚果
图 3-19-4　地丁草根

3-20-1
3-20-2
3-20-3

图 3-20-1　婆婆纳 1
图 3-20-2　婆婆纳 2
图 3-20-3　婆婆纳 3

3-21-1 3-21-2

3-21-3

3-21-4

图 3-21-1 荠菜 1

图 3-21-2 荠菜 2

图 3-21-3 荠菜 3

图 3-21-4 荠菜 4

3-22-1	3-22-2
3-22-3	
3-22-4	

图 3-22-1　黄鹌菜
图 3-22-2　黄鹌菜花
图 3-22-3　黄鹌菜茎
图 3-22-4　黄鹌菜根

4-23-2

图 3-23-1　附地菜 1
图 3-23-2　附地菜 2

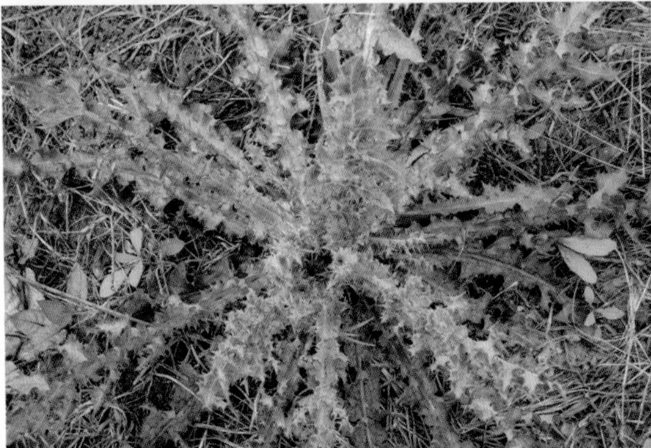

3-24-1
3-24-2
3-24-3

图 3-24-1　苦荬菜 1
图 3-24-2　苦荬菜 2
图 3-24-3　苦荬菜 3

3-25-1

3-25-2

3-25-3

图 3-25-1　小苦荬 1
图 3-25-2　小苦荬 2
图 3-25-3　小苦荬 3

3-26-1	3-26-2	3-26-3
3-26-4		

图 3-26-1　地肤 1
图 3-26-2　地肤 2
图 3-26-3　地肤 3
图 3-26-4　地肤 4

图 3-27-1　山莴苣 1
图 3-27-2　山莴苣 2
图 3-27-3　山莴苣 3
图 3-27-4　山莴苣 4
图 3-27-5　山莴苣 5

3-28-1

3-28-2

3-28-3

图 3-28-1　麦家公 1
图 3-28-2　麦家公 2
图 3-28-3　麦家公 3

3-29-1
3-29-2
3-29-3

图 3-29-1　米瓦罐 1
图 3-29-2　米瓦罐 2
图 3-29-3　米瓦罐 3

3-30-1	3-30-2
3-30-3	

图 3-30-1　麦蓝菜 1
图 3-30-2　麦蓝菜 2
图 3-30-3　麦蓝菜 3

3-31-1

3-31-2 3-31-3 3-31-4

图 3-31-1　豚草 1
图 3-31-2　豚草 2
图 3-31-3　豚草 3
图 3-31-4　豚草 4

3-32-1	3-32-2
3-32-3	3-32-4
3-32-5	3-32-6

图 3-32-1　美洲商陆 1　　图 3-32-4　美洲商陆 4
图 3-32-2　美洲商陆 2　　图 3-32-5　美洲商陆 5
图 3-32-3　美洲商陆 3　　图 3-32-6　美洲商陆 6

3-33-1

3-33-2

3-33-3

图 3-33-1　加拿大一枝黄花 1

图 3-33-2　加拿大一枝黄花 2

图 3-33-3　加拿大一枝黄花 3

3-34-1	
3-34-2	3-34-3

图 3-34-1　鼠鞠草 1
图 3-34-2　鼠鞠草 2
图 3-34-3　鼠鞠草 3

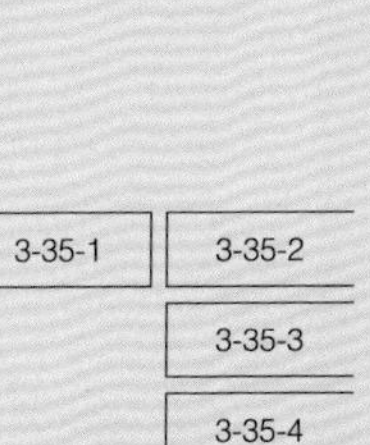

图 3-35-1　地黄 1
图 3-35-2　地黄 2
图 3-35-3　地黄 3
图 3-35-4　地黄 4
图 3-35-5　地黄 5

3-36-1

3-36-2

3-36-3

图 3-36-1　秃疮花 1
图 3-36-2　秃疮花 2
图 3-36-3　秃疮花 3

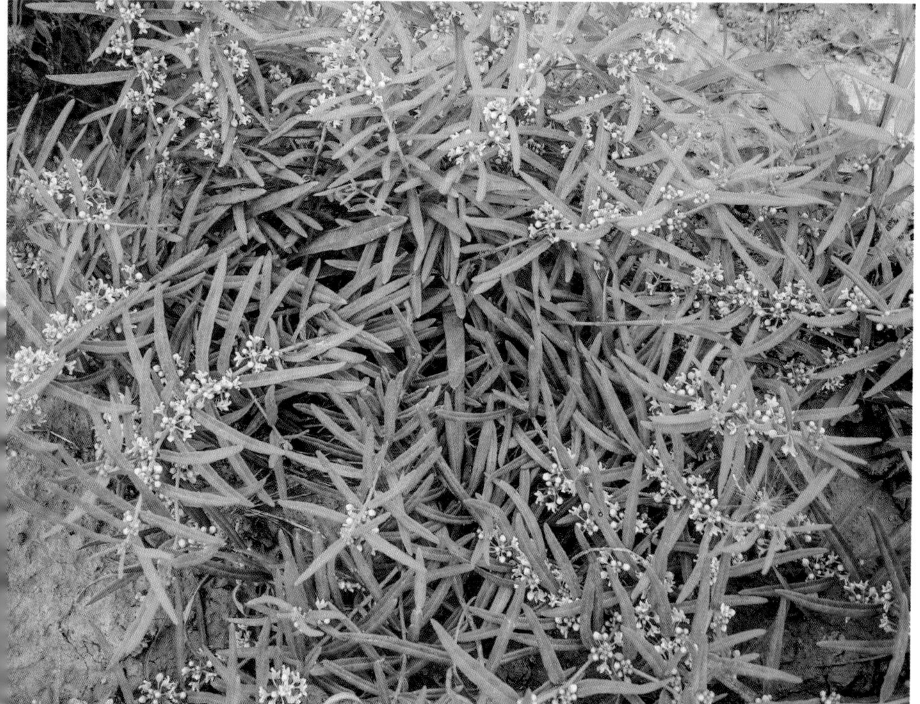

3-37-1	3-37-2
3-37-3	
	3-37-4

图 3-37-1　地梢瓜 1
图 3-37-2　地梢瓜 2
图 3-37-3　地梢瓜 3
图 3-37-4　地梢瓜 4

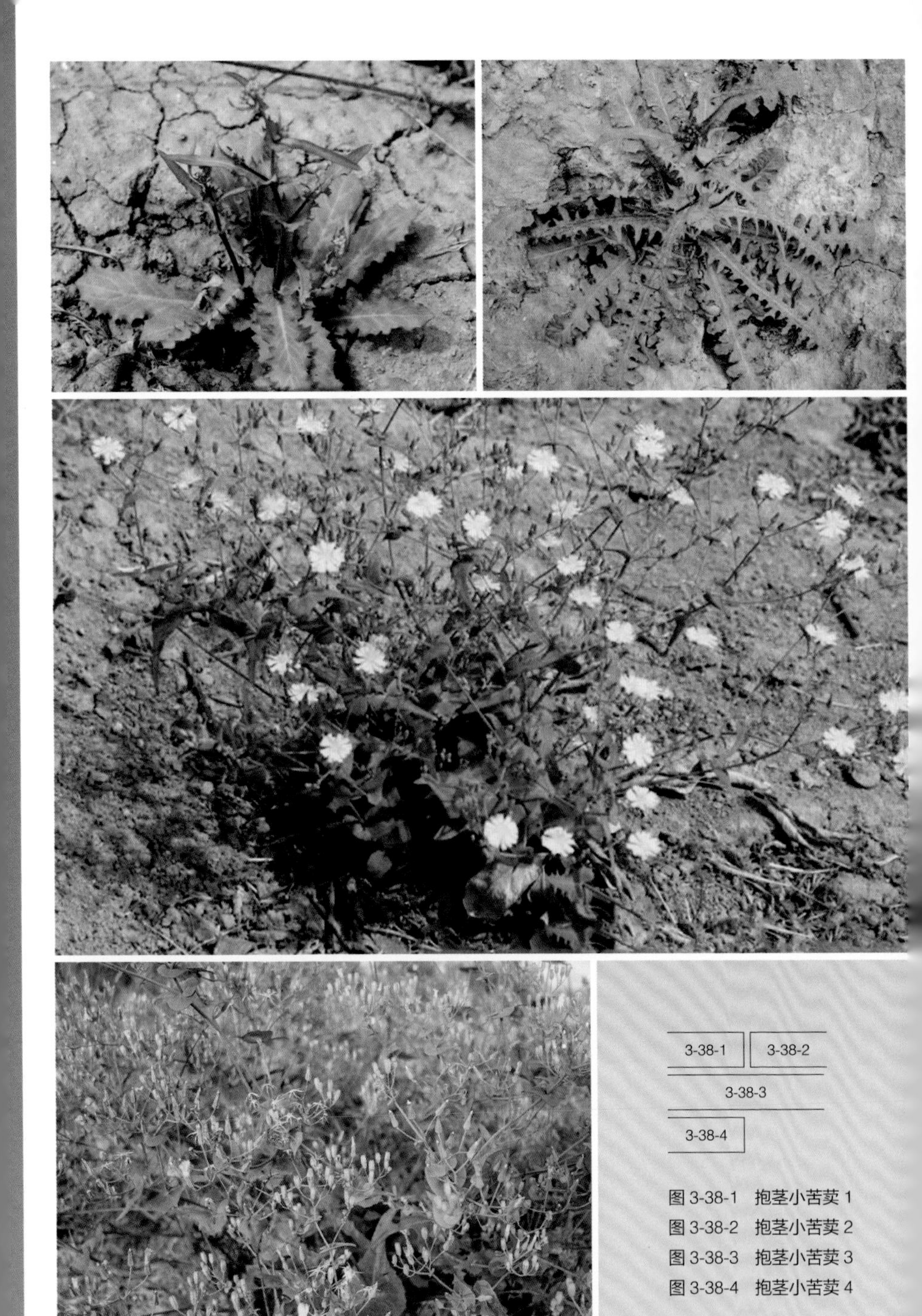

图 3-38-1　抱茎小苦荬 1
图 3-38-2　抱茎小苦荬 2
图 3-38-3　抱茎小苦荬 3
图 3-38-4　抱茎小苦荬 4

3-39-1	3-39-2
3-39-3	
	3-39-4

图 3-39-1　鹅绒藤 1
图 3-39-2　鹅绒藤 2
图 3-39-3　鹅绒藤 3
图 3-39-4　鹅绒藤 4

图 3-40-1　棒头草 1
图 3-40-2　棒头草 2
图 3-40-3　棒头草 3
图 3-40-4　棒头草 4

图 4-1-1　七星瓢虫成虫捕食蚜虫
图 4-1-2　七星瓢虫幼虫
图 4-1-3　七星瓢虫成虫
图 4-1-4　大红瓢虫
图 4-1-5　二星瓢虫
图 4-1-6　四星瓢虫成虫捕食蚜虫
图 4-1-7　四星瓢虫

4-2-1

4-2-2

4-2-3

4-2-4

图 4-2-1　草青蛉成虫
图 4-2-2　草青蛉幼虫
图 4-2-3　草青蛉卵
图 4-2-4　草蛉幼虫捕食蚜虫

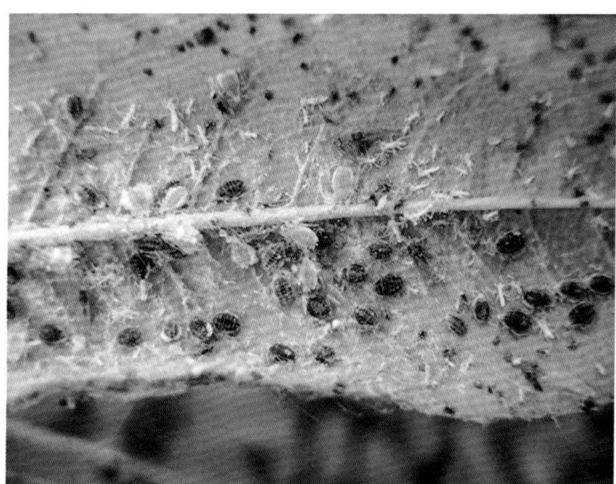

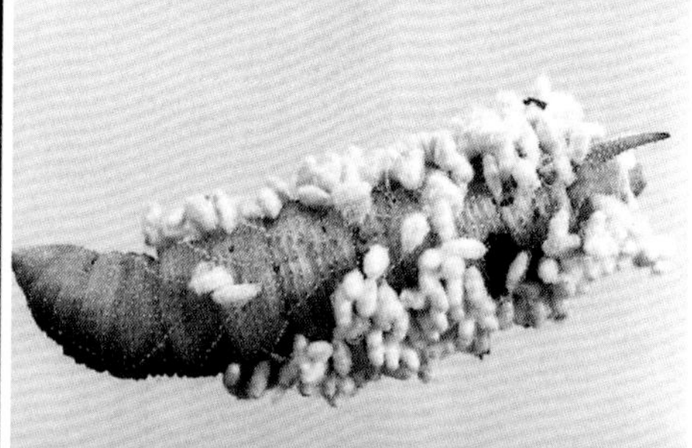

图 4-3-1　桃粉蚜被蚜茧蜂寄生变黑

图 4-3-2　黄刺蛾茧被茧蜂寄生

图 4-3-3　茧蜂寄生绿尾大蚕蛾幼虫

图 4-3-4　茧蜂寄生栗六点天蛾幼虫

图 4-3-5　小茧蜂幼虫寄生鳞翅目幼虫

4-3-6	4-3-7
4-3-8	
4-3-9	

图 4-3-6　金小蜂寄生柑橘凤蝶蛹羽化孔
图 4-3-7　天敌姬蜂成虫
图 4-3-8　上海青蜂成虫交尾状
图 4-3-9　寄生蝇寄生蛾类蛹

4-4-1	4-5-1
	4-5-2
	4-5-3
	4-5-4

图 4-4-1　钝绥螨（上）捕食红蜘蛛
图 4-5-1　蜘蛛
图 4-5-2　大花蜘蛛
图 4-5-3　绿蜘蛛
图 4-5-4　长腿蜘蛛

4-5-5	4-5-6
4-5-7	4-5-8

图 4-5-5　蜘蛛若虫
图 4-5-6　蜘蛛成蛛
图 4-5-7　蜘蛛猎杀食蚜蝇
图 4-5-8　绿蜘蛛捕食斑柿斑叶蝉成虫

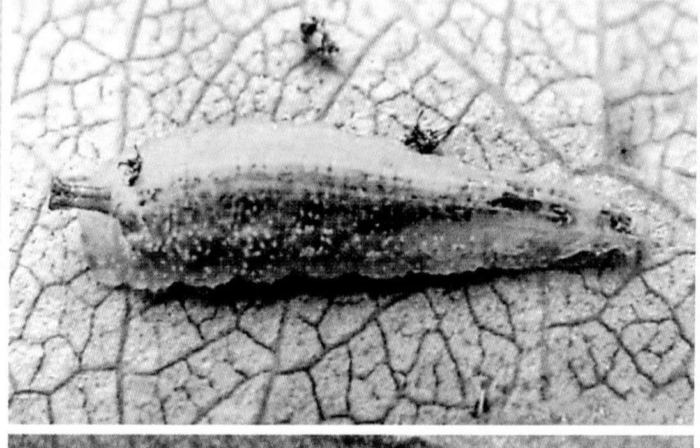

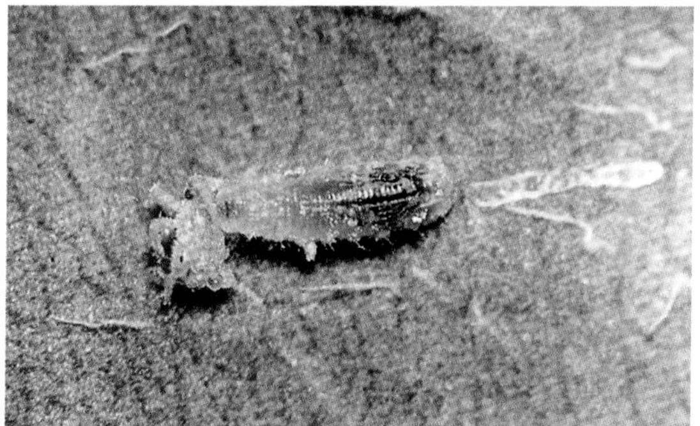

4-6-1
4-6-2
4-6-3
4-6-4

图 4-6-1　羽芒宽盾食蚜蝇
图 4-6-2　黑纹食蚜蝇
图 4-6-3　食蚜蝇幼虫
图 4-6-4　黑带食蚜蝇幼虫捕食蚜虫

4-7-1

4-7-2

4-7-3

图 4-7-1　光肩猎蝽成虫

图 4-7-2　光肩猎蝽若虫

图 4-7-3　小花蝽若虫捕食红蜘蛛

4-8-1	4-8-2
4-8-3	4-8-4
4-9-1	

图 4-8-1　螳螂成虫
图 4-8-2　螳螂若虫
图 4-8-3　螳螂茧
图 4-8-4　螳螂捕食黑蝉
图 4-9-1　白僵菌致鳞翅目幼虫死亡状

图 4-12-1　戴胜
图 4-12-2　喜鹊
图 4-12-3　大山雀
图 4-12-4　大斑啄木鸟
图 4-12-5　啄木鸟啄食树干内害虫虫孔
图 4-12-6　灰喜鹊

4-13-1
4-13-2

图 4-13-1　青蛙
图 4-13-2　蟾蜍

5-1-1	5-1-2
5-2-1	

图 5-1-1　太阳能能源频振式杀虫灯

图 5-1-2　交流电源频振式杀虫灯

图 5-2-1　大棚内黄色黏虫板

5-3-1

5-3-2

5-3-3

图 5-3-1　树干上黏虫带

图 5-3-2　黏虫带阻尺蠖上树

图 5-3-3　树干上缠普通塑料薄膜阻虫

5-4-1

5-5-1

图 5-4-1　涂捕虫圈

图 5-5-1　防虫网

5-6-1

5-6-2

图 5-6-1　诱捕器

图 5-6-2　盲蝽诱捕器

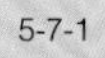

5-7-1

5-7-2

5-7-3　5-8-1

图 5-7-1　白色木浆纸袋

图 5-7-2　白色无纺布袋

图 5-7-3　双层纸袋

图 5-8-1　释放天敌寄生蜂

第1章

李病害诊断与防治

01 李褐腐病（图1-1-1至图1-1-3）

症状诊断 花部染病，花变褐萎蔫似霜冻状，表面丛生灰霉，枯死后残留枝上长久不落。嫩叶染病，从叶缘向内扩展，病叶变褐萎垂。嫩枝染病，形成长圆形、中央灰褐边缘紫褐色的溃疡斑，常发生流胶；病斑绕干一周时上部枝梢枯死。果实染病，果面初现褐色圆形斑点，迅速扩展全果变褐软腐，斑面上生同心轮纹状灰褐色病菌孢子梗霉丛；病果腐烂多脱落，少数干缩成褐至黑色僵果落地或挂在树上。

病原 为子囊菌门链核盘菌。又称李果腐病。危害果、花、叶、枝梢。

发病规律 病菌以菌丝体在病僵果或枝梢的病部越冬。翌年春产生分生孢子借风雨、昆虫传播，通过伤口、皮孔进行反复侵染；贮运过程中通过病健果接触传染。开花期间低温多雨易引起花腐；幼果至成熟期都可受害，果实近成熟期温暖多雨受害重易引起果腐；树势弱、地势低洼、果园郁闭发病重；多雨潮湿年份易流行成灾，引起大量烂果。

防治方法

农业防治 合理冬剪，适时夏剪，雨季及时排水，保持果园通风透光良好；冬春季彻底清理树上树下僵果、落叶，集中烧毁或深埋。

化学防治 发芽前，全树均匀喷布一次4~5波美度石硫合剂或1：1：100波尔多液，消灭树体上越冬的病菌。生理落果后，喷洒65%代森锌可湿性粉剂或75%百菌清可湿性粉剂500~600倍液；50%多菌灵可湿性粉剂或70%代森猛锌可湿性粉剂、70%甲基硫菌灵可湿性粉剂600~800倍液；50%异菌脲可湿性粉剂1500倍液等。10~15天1次，连防2~3次。

02 李果腐病（图1-2-1至图1-2-3）

症状诊断 果实染病，病初果面现淡褐色小点，渐扩大为深褐色大的病斑，果肉软腐，果实脱落或失水皱缩，病部生粒点状黑色病菌孢子器。枝干染病，病部褐色干缩、流胶，绕干一周致上部枯死。

病原 为半知菌类大茎点属病菌。又名李轮纹病。危害果实和枝干。

发病规律 病菌以菌丝体在枝干病部或落地僵果中越冬。翌年果实近成熟期，枝干上病部产生分生孢子随气流或雨水飞溅到果面上，经裂纹、伤口侵入果实引起发病；果实近成熟期发病重，特别是多雨年份利于病害流行，致果实大量腐烂。

防治方法

农业防治 加强果园管理，增施有机肥和磷、钾肥，适时灌排水，壮树防

病，促使果实发育良好，减少裂果和病虫伤；合理修剪，保持果园通风透光良好；冬春季彻底清除树上的枯死枝和地面落果集中销毁。

化学防治　春季芽萌动前用3~4波美度石硫合剂或1：2：200倍式波尔多液喷布枝干，消灭枝干上的越冬病菌。果实膨大期开始，喷洒50%多菌灵可湿性粉剂800倍液或25%乙霉威可湿性粉剂1500倍液、70%甲基硫菌灵可湿性粉剂700倍液、50%腐霉利可湿性粉剂1000~1500倍液等。10~15天1次，连防2~3次。

03　李炭疽病（图1-3-1，图1-3-2）

症状诊断　果实染病，果实膨大期开始发病，初现淡褐色、水渍状病斑；渐扩大为红褐色近圆形、显著凹陷病斑，上生许多同心轮纹状排列的小黑点；天气潮湿时分泌出橘红色粒点状病菌孢子团，重致大量烂果。新梢染病，出现暗褐色、略凹陷、长椭圆形病斑，上也生同心轮纹状排列的小黑点，病梢多向一侧弯曲，叶片萎蔫下垂，重致枯梢；气候潮湿时分泌出橘红色粒点状病菌孢子团。叶片染病，初为红褐色、渐变为灰褐色病斑，上也生同心轮纹状排列的小黑点，重致叶片枯落。

病原　有性态为子囊菌门小丛壳菌；无性态为半知菌类炭疽病盘长孢菌。危害果实、新梢和叶。

发病规律　病菌主要以菌丝体在病梢组织内或树上僵果中越冬，翌年早春产生分生孢子随风雨、昆虫传播，侵害新梢、幼果和叶片，进行初侵染。以后在新生的病斑上产生分生孢子，引起再侵染。管理粗放、留枝过密、地势低洼、排水不良、树势衰弱、多雨年份和潮湿环境发病重。

防治方法

农业防治　加强果园综合管理，增施磷、钾肥，壮树抗病；冬春季彻底清除树上的枯枝、僵果和落叶，集中烧毁或深埋，减少初侵染菌源；生长季节及时剪除病枯枝及病果销毁，防止病部产生孢子再次侵染。

化学防治　芽萌动前枝干均匀喷布1：1：100倍式波尔多液或3~5波美度石硫合剂。谢花后喷洒70%甲基硫菌灵可湿性粉剂700倍液或50%多菌灵可湿性粉剂600倍液、25%溴菌清可湿性粉剂800倍液、75%百菌清可湿性粉剂500倍液等。10~15天1次，连防2~3次。

04　李袋果病（图1-4-1至图1-4-3）

症状诊断　果实染病，因病果畸变中空如囊而得名。落花后显症，初呈袋状，渐变狭长略弯曲，淡黄至红色，皱缩后变成灰色或暗褐色或黑色脱落，病果无核。枝梢染病，呈灰色略膨胀。叶片染病，展叶后出现症状，叶呈黄色或红色，皱缩不平，似桃缩叶病。

病原　为子囊菌门李外囊菌。危害果实、枝梢和叶。

发病规律　病菌以菌丝体和子囊孢子或芽孢子在病部越冬。翌年春产生分生孢子，落花后从气孔或皮孔侵染，4月开始发病，5~6月发病盛期。早春低温多雨地区或年份发病重；6月气温升高后，病害渐停止扩展。

防治方法

农业防治　加强果园综合管理，提高树体抗病能力；冬春剪除病梢，清除园内枯枝落叶集叶销毁；发病初期，连续摘除病叶、病果，能有效防止病害大发生。

化学防治　花芽萌动前，枝干喷布3~5波美度石硫合剂或1：1：100倍式波尔多液铲除树体上的越冬菌源。谢花后喷洒70%甲基硫菌灵可湿性粉剂700倍液；50%多菌灵可湿性粉剂或70%代森猛锌可湿性粉剂500~600倍液；10%银果乳油800~1000倍液等。10~15天1次，连防2~3次。

05 李黑霉病（图1-5-1）

症状诊断　成熟期或在贮运过程中发病重，果实受害后褐色软腐，有酒味，表面长有浓密的白色菌丝层，发病迅速，几天内致果实大量腐烂。

病原　为接合菌门匍枝根霉菌。危害果实。

发病规律　病菌存在普遍，条件适宜蔓延迅速，破坏力极大。病菌孢子由气流传播，通过伤口或病健果接触传染。果实成熟期遇雨或成熟后未及时采摘，或采摘后的果实装箱或贮运过程造成大量伤口，招致病菌侵染，引起大量果实腐烂。

防治方法

农业防治　加强果园管理，增施有机肥和磷、钾肥，适时浇水，促使果实发育良好，减少裂果和病虫损伤。成熟的果实要及时采摘销售。长途运输的果实成熟度应在八成熟时采摘装箱，低温贮运，尽量减少机械损伤。

化学防治　果实近成熟时喷洒1次50%腐霉利可湿性粉剂1000~1500倍液或50%多菌灵可湿性粉剂800倍液、50%异菌脲可湿性粉剂1500倍液、70%甲基硫菌灵可湿性粉剂700倍液等。远距离运销的果实，在八成熟时采摘，并用山梨酸钾500~600倍液浸后装箱。

06 李细菌性穿孔病（图1-6-1至图1-6-4）

症状诊断　叶片染病，叶面生圆形至不规则形、紫褐至黑褐色、四周水渍状有黄绿色晕圈病斑，后期病组织干枯脱落产生穿孔。果实染病，病部略凹陷、边缘呈水渍状溃疡斑，后期中央龟裂，湿度大时生黄白色黏质物。枝干染病，形成梭形溃疡斑，树皮内部及木质部变褐。

病原　为黄单胞杆菌甘蓝黑腐黄单胞菌桃穿孔致病型细菌。又名李黑斑病、细菌性溃疡病。危害叶、果和枝梢。

发病规律　病菌在枝干病部越冬，翌年春病菌孢子借风雨或昆虫传播，经气孔或皮孔直接进行侵染。枝叶从春至秋、果实从落花后15天至采收前均可被侵染。雨日多、雨量大、秋雨连绵，气温19~28℃、相对湿度70%~90%，树势弱、果园排水不良、通风不佳、偏施过施氮肥，发病重；华北7~8月进入发病盛期；感病品种易至病害流行。

防治方法

农业防治　①选用抗病品种。②不要与其他核果类，如杏、桃等果树混栽。③冬春清除园地枯枝落叶落果、剪除病枝，深埋或烧毁。④合理修剪，及时灌排水，保持果园通风良好。

化学防治　①发芽前枝干喷布4~5波美度石硫合剂或1：1：100倍式波尔多液。②于5~6月喷洒72%链霉素3000~4000倍液或2%春雷霉素400倍液、24%唑菌腈悬浮剂2000倍液、50%福美双可湿性粉剂1000倍液等，连防2~3次，15天1次。

07 李红点病（图1-7-1至图1-7-4）

症状诊断　叶片染病，初生橙黄色近圆形病斑，病叶颜色渐深，其上密生暗红色小粒点；秋末病叶多转为深红色，叶片卷曲，叶背突起，产生黑色粒点状病菌子囊壳。重时叶片病斑密布，致叶早落。果实染病，果面上初生橙红色圆形斑，稍隆起；后病部变为红黑色，其上散生深红色粒点状病菌性子器，病果畸形早落。

病原　为子囊菌门李疔菌。危害叶片、果。

发病规律　病菌以子囊壳在病叶上越冬，翌春开花末期，产生孢子随风雨传播，从展叶期至9月中旬均可侵染发病。多雨年份或雨季、果园郁闭发病重。

防治方法

农业防治　①冬春季彻底清除园地病叶果，集中深埋或烧毁。②加强果园管理，壮树抗病；合理修剪、注意排水，保持果园通风透光良好。

化学防治　开花末期及叶芽萌发时，喷洒0.5：1：100倍式波尔多液或53.8%氢氧化铜悬浮剂1000倍液、12%松脂酸铜乳油600倍液、80%代森锌可湿性粉剂800倍液等，连防2~3次，10~15天1次。

08 李疮痂病（图1-8-1，图1-8-2）

症状诊断 果实染病，初现暗绿色小圆斑，至果实近成熟期，扩大为略凹陷暗紫或黑色病斑，重时病斑密集连片、龟裂。枝梢染病，呈现长圆形、褐色隆起斑，多流胶。叶片染病，叶背初现不规则灰绿色病斑，渐至紫红色，最后病部枯落成穿孔，重时致落叶。

病原 为半知菌类嗜果枝孢菌。危害果、枝梢和叶。

发病规律 病菌以菌丝体在枝梢病组织中越冬。翌年春暖时产生分生孢子，借风雨传播侵染。南方李区，5~6月发病最盛；北方李区，果实于6月始发病，7~8月发病高峰。果园低洼、枝条郁密，发病重。

防治方法

农业防治 冬春彻底清除园内枯枝落叶僵果、剪除病枝，集中烧毁或深埋。合理修剪，防止果园渍害，保持果园通风透光良好。

化学防治 ①早春发芽前刮除流胶部位病组织，然后涂抹45%晶体石硫合剂30倍液或3~5波美度石硫合剂、80%五氯酚钠200~300倍液、1：1：100波尔多液等。②生长期的4月中旬至7月上旬，每隔20天用刀纵、横刻划病部深达木质部，后用70%甲基硫菌灵可湿性粉剂800~1000倍液或50%福美双可湿性粉剂300倍液、80%乙蒜素乳油50倍液、1.5%多抗霉素水剂100倍液等涂抹病部。

09 李褐斑穿孔病（图1-9-1）

症状诊断 叶片染病，初生圆形至近圆形中间褐色、边缘紫色病斑；天气潮湿时病斑上长出灰褐色霉状物，后病部干枯脱落成边缘整齐的穿孔，重致落叶。新梢、果实染病，症状与叶片相似。

病原 属半知菌类核果尾孢霉菌。危害叶、新梢和果实。

发病规律 病菌以菌丝体在病叶或枝梢病部越冬，翌春气温回升、雨后产生分生孢子，借风雨传播侵染叶、新梢和果实，并进行重复侵染。低温多雨利于病害发生和流行。

防治方法

农业防治 冬春清除园内枯枝落叶，剪除病枝集中销毁。合理修剪，增施有机肥，雨后及时排水，保持果园通风透光良好。

化学防治 发病初期及时喷洒70%代森锰锌可湿性粉剂或50%甲·硫悬浮剂800倍液；75%百菌清可湿性粉剂或70%甲基硫菌灵可湿性粉剂或50%多菌灵可湿性粉剂1000倍液；50%腐霉利可湿性粉剂1200倍液等，10~15天1次，连防3~4次。

10 李木腐病（图1-10-1）

症状诊断 受害树先在伤口或锯口等木质暴露处显现症状，木质变褐，干枯朽烂，后变灰白，渐长出白色菌丝体和子实体。腐朽的木质心材疏松，质软而脆，触之易碎。病部表面长出灰白色病菌子实体，多由锯口长出，少数从伤口和虫口长出，每株形成的病菌子实体有数十个，以枝干基部受害重，导致树势衰弱，叶色变黄或过早落叶。

病原 为担子菌门变色多孔菌、裂褶菌、暗黄层孔菌等多种真菌，主要是暗黄层孔菌，又叫心腐病。主要危害李树的木质心材部分，使心材腐朽。

发病规律 病菌在受害树的枝干上长期存活，以子实体上产生的孢子随风雨飞散传播，经锯口、虫蛀口及其他伤口侵入。一般老树、弱树发病重，难以愈合的大锯口处易受害发病；连阴雨及果园通风透光不良易发病。

防治方法

农业防治 加强栽培管理，增施有机肥，使李树生长健壮，提高抗病能力；合理修剪，尽可能减少伤口；发现病死树要及时刨除烧毁；发现病树上的子实体应立即刮除，带到园外集中烧毁，减少病菌的侵染来源。

防虫治病 桃红颈天牛、吉丁虫等蛀干害虫所造成的伤口是病菌侵染的重要途径，及时防虫减少伤口，减轻病害的发生。

化学防治 李树萌芽前全树均匀喷布5%菌毒清水剂50～100倍液，消灭浅层病菌。对锯口或发病部位涂抹1%硫酸铜液或波尔多液、20%三唑酮乳油200倍液等，可起到保护和治疗作用。

11 李白粉病（图1-11-1，图1-11-2）

症状诊断 嫩芽和叶片表面布满白至灰白色粉状斑，渐及全叶；嫩叶呈黄褐色皱缩而不长；秋季病部出现黑色粒点状病菌闭囊壳，病叶紫红色，早落。

病原 为子囊菌门李树白粉病菌。危害芽、叶。

发病规律 病菌多以闭囊壳在枯叶上越冬。翌年春温湿条件适宜时，产生子囊孢子，借气流和雨水传播，进行初侵染和多次再侵染。也有以菌丝态在休眠芽内越冬，春季芽开放时，被侵染的芽上布满白粉层。温暖潮湿、高氮低钾、果园郁蔽、枝叶旺长，利于病害的发生蔓延。

防治方法

农业防治 冬春季彻底清除园内枯枝落叶深埋或烧毁；加强果园管理，增施有机肥，提倡配方施肥；科学整型修剪，雨后及时排水，保持果园通风透光良好。

化学防治 冬季修剪后或发芽前15天树体喷洒3~5波美度石硫合剂或50%福美双可湿性粉剂300倍液等。春季发病初期，及时喷洒20%三唑酮乳油2000~2500倍液或36%甲基硫菌灵悬浮剂800~1000倍液、25%腈菌唑乳油3000倍液等，10~20天1次，连喷3~4次。

12 李果锈病（图1-12-1，图1-12-2）

症状诊断 果面上产生点状或片状类似金属锈状的木栓层，影响外观。

病原 为生理性病害，诱发果锈产生的不良因子主要有：药害、霜害、病害、机械损伤、物理刺激等。

发病规律 凡管理条件好、树势壮、叶片完整、土壤氮磷供应均衡，果锈发生轻或不发生；介壳虫、椿象、锈壁虱等危害重的果园及多风地区果面易受枝叶磨擦或刺伤，果锈重；高湿、低温、冷风时易引起果锈，特别是盛花后16~20天的空气湿度越高，果锈率也就越高，故不同年份果锈发生轻重不同；幼果期喷洒含铜离子高的药剂如波尔多液、石硫合剂等浓度过大或喷药时压力过大易诱发果锈病。主要发生在幼果期，且发病后果面不能再恢复正常。

防治方法

农业防治 加强果园综合管理，科学修剪，增施有机肥，增强树势；旱浇涝排防止果园渍害，保持果园通风透光良好。

防虫治病 及时防治锈壁虱、介壳虫、椿象等害虫。

化学防治 防病虫时尽量减少使用含铜离子药剂。生理落果后喷洒50%代森锰锌可湿性粉剂600~800倍液或40%多菌灵悬浮剂600倍液、25%腈菌唑乳油3000倍液、40%氟硅唑乳油8000倍液等，可减少果锈病的发生。

13 李灰色膏药病（图1-13-1，图1-13-2）

症状诊断 枝干上生圆形至不规则形膏药状菌膜，菌膜表面暗褐色较平滑，边缘一圈灰白色；老菌膜颜色较深，有时开裂，边缘常形成新菌膜。

病原 为担子菌门茂物隔担耳菌。危害枝干。

发病规律 病菌以菌膜在被害枝干上越冬，翌年5~6月间，产生担孢子通过风雨和介壳虫类传播，病菌生长期以介壳虫的分泌物为养料。介壳虫发生重、果园郁闭湿度大、通风透光不良，易发病。

防治方法

农业防治 合理修剪，雨后及时排水，保持果园通风透光良好，增强抗病力。

化学防治 用刀子等利器及时刮除菌膜，刮后病部涂抹45%晶体石硫合剂

30倍液或20%石灰乳，5波美度石硫合剂或1：0.5：100倍式波尔多液、25%多菌灵可湿性粉剂200倍液、5%菌毒清水剂50倍液等。

防虫治病　及时防治杏球坚蚧、草履蚧、桑白蚧等介壳虫。

14　李流胶病（图1-14-1至图1-14-4）

症状诊断　侵染性流胶病：干枝受害后病部隆起，并流出树胶，单枝干上可出现多个病斑流胶；果实染病，有黄色胶质溢出果面，病部硬化，后期发生龟裂。非侵染性流胶病：主要危害主干枝桠杈处，小枝条和果实也可被害。侵染性流胶病较非侵染流胶病流胶量少，后者特别是由伤口引起的流胶量大。流出的树胶初为无色半透明稀薄而有黏性的软胶，干燥后变为茶褐至红褐色坚硬块状物，遇雨吸水后膨胀为胨状胶体。该病致树体早衰，重致枝干枯死。

病原　分侵染性流胶病和非侵染性流胶病两种，前者病原为半知菌类，又名真菌性流胶病；后者病因主要由霜害、冻害、病虫害、雹害及机械伤害等造成的伤口及栽培管理不当引起。危害干枝和果实。

发病规律　侵染性流胶病菌以菌丝体在病部越冬，并可在病部存活多年；天气潮湿时产生分生孢子，借雨水传播，从皮孔或伤口侵入；果树负载量过大或果园郁闭、土壤黏重、重茬果园发病重。非侵性流胶病，一般在4~10月间的雨季、老弱树、修剪过重、病虫危害重、管理不当伤口多等，发病重。高温连阴雨天流胶现象严重。

防治方法

农业防治　选择地势高、透水性好的砂质壤土地建园，避免重茬栽树；加强栽培管理，增强树势，提高抗病能力；冬春注意防冻害和霜害；剪除病枯枝烧掉，减少越冬病源。

防虫治病　及时防治枝干病虫害。

化学防治　萌芽前枝干均匀喷布50%代森锰锌可湿性粉剂600~800倍液或3~5波美度石硫合剂、30%王铜悬浮剂500倍液等。生长期间喷洒70%甲基硫菌灵可湿性粉剂700倍液或50%多菌灵可湿性粉剂600倍液、75%百菌清可湿性粉剂500倍液等，枝干着药至水洗状态，兼治其他病害。

15　李腐烂病（图1-15-1，图1-15-2）

症状诊断　多发生在主干、主枝基部，病初病部皮层稍肿起，略带紫红色并出现米粒状流胶，最后皮层变褐色枯死，有酒味，表面产生黑色突起粒点状病菌子座。病斑绕干一周时致枝干枯死。

病原　有性态为子囊菌门核果黑腐皮壳菌；无性态为半知类核果壳囊孢菌。危害干枝。

发病规律　病菌以菌丝体在树干病部越冬，翌年3～4月产生分生孢子，借风雨和昆虫传播，自伤口及皮孔侵入。早春至晚秋都可发生，春秋两季最为适宜，尤以4～6月发病重，高温的7～8月病菌受到抑制发病放缓。施肥不当、春秋雨多、受冻害、树势弱、果园低洼排水不良、虫害多、负载过量等，发病重。

防治方法

农业防治　加强果园综合管理，合理修剪，增施有机肥，及时防治其他病虫害，旱浇涝排防止田间渍害，冬前树干缠草绳或涂白防止冻害和日烧，壮树抗病。

化学防治　①发芽前刮去翘起的树皮及坏死的组织，喷洒50%福美双可湿性粉剂300倍液或3～5波美度石硫合剂、56%氧化亚铜水分散粒剂500倍液等。②生长期发现病斑及时刮除，涂沫70%甲基硫菌灵可湿性粉剂或50%福美双可湿性粉剂50倍液；50%多菌灵可湿性粉剂或70%百菌清可湿性粉剂50～100倍液、47%春雷·王铜可湿性粉剂100倍液等，上述药液涂前加适量植物油可提高防效。10天后再涂1次。

16　李煤污病（图1-16-1，图1-16-2）

症状诊断　主要危害叶片和果实，病部为棕褐色或深褐色的污斑，边缘不明显，像煤斑。菌丝层极薄，一擦即去，影响外观、品质和商品价值。

病原　病原菌为半知菌类真菌。

发病规律　病菌以菌丝体与分生孢子在病叶、病果等植物病残体或土壤中越冬，翌年产生分生孢子，借风雨或蚜虫、介壳虫活动传播、蔓延。该病发生主要诱因是昆虫在寄主上取食，排泄粪便及其分泌物。衰老树和蚜虫、介壳虫类危害严重及低洼积水、果园偏施氮肥、田间郁闭通风透光不良、温度高、湿气滞留的果园易发病。该病影响光合作用。

防治方法

农业防治　①冬季清园。冬春季彻底清除园内及果园周边枯枝落叶，集中烧毁或深埋，清除越冬病源；树体喷洒3～5波美度石硫合剂。②合理修剪。创造良好的果园生态条件，并及时做好排水清淤工作，以降低果园湿度，减少发病条件。

化学防治　在发病的6月中旬到9月，喷施1：1：180的波尔多液、退菌特可湿性粉剂1000倍液、12.5%烯唑醇可湿性粉剂2500倍液、三唑酮乳油1000倍液等，根据病情喷洒3～4次。

防虫治病　及时防治蚜虫、介壳虫类，杜绝病源。

17 李根癌病（图1-17-1，图1-17-2）

症状诊断 主要发生在李树根颈部和近地嫁接部，有时也散生在侧根上。根癌初生时乳白色或略带肉红色，光滑柔软，以后逐渐变成褐色至深褐色，质地变硬，表面粗糙或凹凸不平，小者仅皮层一点突起，大者如拳头，球形、扁球形或不规则形。受害树株发育受阻，叶片变小、变黄，植株矮小，逐渐枯死；果实变小，产量下降或花而不实。

病原 病原菌为野杆菌属中的一种细菌。

发病规律 病原菌发育最适温度为22℃，低于18℃或高于26℃时发病率低，在浙江等南方李产区，5月上旬至6月中旬最适于此病发生；土壤 pH 5. 7～9. 2时均可发病，碱性土壤有利于发病；土壤温度高时发病率增高。病原菌在癌瘤皮层内或在土壤中越冬，在土壤中能存活1～2年，故土壤被该菌污染后，2年内不能栽种果树。带病苗造成远距离传播，近距离通过雨水和灌溉水传播。病菌主要通过嫁接、中耕、虫害、修剪等各种形式造成的伤口侵入传染。嫁接部位越低，嫁接口离地面越近，根癌病发病越重；将嫁接口埋于土中发病最重。从侵入到呈现病症，时间为几周至1年以上。

防治方法

农业防治 ①选择无病菌土壤做苗圃。已发生过根癌病的土壤，如前茬为蔬菜、林地或林业苗圃，不可做育苗地。用毛桃种子培育砧木苗时，应将毛桃核用抗根癌菌剂1号1倍液浸种。浸种后的种子不可在日光下暴晒，要在晾干前播种，以防菌剂失效。②加强肥水管理，增强树体抗性。适当增施硫酸铵、硫酸钾等生理酸性肥料，降低土壤 pH，制造不利于该菌生长的土壤环境。及时排水，防止土壤积水。③改革耕作方式。变果园土壤清耕为果园覆盖有机物，减少耕作对根系的伤害。宜在树冠投影外围施肥，以减少伤根，尤其是尽量避免伤粗根。④加强苗木检疫。严禁从根癌病发生区调苗。对本地所育苗木，进行认真检疫，发现带瘤苗木，立即销毁。

防治地下害虫 及时防治蛴螬、蝼蛄、金针虫等地下害虫，减少因害虫危害造成的根部伤口，减少病菌侵染，从而减少发病机会，降低病株率。

化学防治 初夏经常检查，对刚出现白色或略带肉红色初生癌瘤的植株，可在刮除癌瘤后，用10%农用链霉素或1%波尔多液消毒杀菌，对周围土壤用0. 2%硫酸铜液或0. 2%～0. 5%农用链霉素消毒，隔10～15天再消毒1次。也可采取生物防治法，即用 K84菌悬液浸种育苗、浸根定植及切瘤浇根等，均有显著效果。

18 李裂果病（图1-18-1至图1-18-3）

症状诊断 果实将近成熟时果面裂开缝，果肉稍外露，果实开裂后，易被鸟食或被其他昆虫，如金龟子成虫、蛾蝶类成虫、马蜂等取食，果实腐烂变质，易被病原菌侵入染病，不堪食用。

病原 生理性病害，环境条件不良引起。

发病规律 夏季持续高温，导致果皮老化，在果实接近成熟时果皮又变薄，加之土壤水分供应不均衡，如遇连日阴雨突然转晴天，容易引起裂果；也可能与缺钙有关；不同品种裂果率不同。

防治方法

农业防治 选栽裂果率低的优良品种。合理修剪，使果树枝组疏密有度，果园通风透光良好，有利于雨后李果表面迅速干燥，减少发病；适时灌排水，使果园土壤供水均衡；加强病虫害防治。

化学防治 在果实发育的中后期，每隔10~20天喷洒一次0.03%的氯化钙水溶液或多元微肥，直到采收，可有效缓解裂果的发生。采收前30天左右，树冠均匀喷布0.5克/升乙烯利液，1~7天后树冠再均匀喷布一次0.25克/升赤霉素液，可显著减少裂果，并可提高果实可溶性糖含量和维生素C等，提高果实品质。

19 李日灼病（图1-19-1）

症状诊断 叶片受害初期出现褐色斑块，后逐渐坏死，枝干受害树皮出现变色斑点，最后导致叶片或树皮局部干枯。晚熟品种果实易发生日灼，果实受害后，果实表面出现近圆形或不规则的褐色坏死斑，果肉坏死。

病因 又称日烧病，为生理性病害。夏季强光直接照射果面、叶面，致局部蒸腾作用加快，加之空气和土壤湿度小，温度升高至40℃以上或持续时间长，导致植物组织灼伤；树冠上部、南部向阳面植物组织易发生日灼；尤以晴热干旱年份发生重。

防治方法

农业防治 合理修剪、建立良好树体结构，使叶片分布合理。特别注意适当多留西南侧果树枝条，增加果树叶片数量，夏日利用叶片遮盖果实，以减少夏季阳光直接暴晒果树枝干和果实的机会。生长季节注意适时灌水和中耕，促根系活动，保持树体水分供应均衡。日灼多发地区树干涂白，反射太阳光，以缓和果树树皮的温度剧变。

化学防治 密切注意天气变化，如有可能出现发生日灼的炎热天气，于午前喷洒0.2%~0.3%磷酸二氢钾溶液或清水，有一定的预防作用。

第2章

李害虫诊断与防治

01 李实蜂（图2-1-1至图2-1-4）

属膜翅目叶蜂科。

分布与寄主

分布　黄淮、四川及周边产区。

寄主　李。

危害特点　以幼虫蛀食花萼和幼果。花萼被害处变黑。幼果被害，蛀孔为一个针头大小的黑点，稍凹陷；幼虫蛀入果心，食尽果核和果肉，排粪于其中，被害果实仅剩下空壳，用手轻捏发出“叭”的响声；被害果初生长缓慢，明显小于正常果，后全部脱落；幼虫脱果孔直径约1毫米。

形态诊断　成虫：体黑色长5~6毫米，翅膜质透明，棕黄色，翅脉棕黑色，翅展10~12毫米；中胸背面有“X”状沟纹。卵：乳白色椭圆形，长约0.8毫米。老熟幼虫：体长9~10毫米，黄白色半透明，背线暗红色；头部淡黄色，胸足3对，臀足1对。茧：长7~8毫米，表面黏附土粒。

发生规律　1年发生1代，以老熟幼虫在树下3~7厘米表土层中结茧越夏、越冬。翌春李树开花期成虫羽化，白天在树冠上空1~2米处或花间飞舞、交尾，夜晚和阴雨天静伏在花中或花萼下，产卵于花萼组织内。幼虫孵化后先在花萼内串食，落花后蛀入幼果食害，1个果内只有1头幼虫；老熟后脱果入土结茧越夏、越冬，在果面留下脱果孔；在华北地区，幼虫脱果盛期在5月中下旬。天敌有黑胸茧蜂等。

防治方法

农业防治　封冻前翻树盘，利用低温和鸟食消灭越冬虫茧。

化学防治　①地面施药。幼虫脱果期，地面喷洒25%辛硫磷微胶囊剂或48%毒死蜱乳油500~800倍液、20%辛·氰乳油1000倍液等，使药后轻耙土壤混匀药、土。②树上喷药防治。关键期是李树落花后幼叶生长到1厘米左右时，喷药过早影响授粉，过晚幼虫已蛀入幼果，防效不佳。可喷洒90%晶体敌百虫1000倍液、2.5%溴氰菊酯乳油或20%氰戊菊酯乳油3000倍液等。

02 杏象甲（图2-2-1，图2-2-2）

属鞘翅目卷象科。又名杏虎象、桃象甲。

分布与寄主

分布　全国各李产区。

寄主　樱桃、杏、桃、李、枇杷、苹果等果树。

危害特点　成虫食芽、嫩枝、花、果实，产卵时先咬伤果柄造成果实脱落；

幼虫蛀食幼果，果面上蛀孔累累，流胶，轻者品质降低，重者果实腐烂并落果；幼虫蛀入果内危害，导致果实干腐脱落。

形态诊断　成虫：体长6~8毫米，宽3~4毫米，体椭圆形，紫红色具光泽，有绿色反光；触角11节棒状；头长等于或略短于基部宽；鞘翅略呈长方形，两侧平行，端部缩圆或下弯；后翅半透明灰褐色。卵：长1毫米左右，椭圆形，乳白色。幼虫：乳白色微弯曲，长10毫米，体表具横皱纹；头部淡褐色，前胸盾与气门淡黄褐色。蛹：裸蛹，长6毫米，椭圆形，密生细毛。

发生规律　1年发生1代。主要以成虫在土中、树皮缝、杂草内越冬，少数以幼虫越冬。翌年樱桃花开时成虫出现，成虫危害期长达150天，产卵历期90天，3~6月是主要危害期。成虫怕光，有假死性。产卵时在果面咬一小孔，产卵孔中，上覆黑色胶状物。卵期7~8天，幼虫孵化后即蛀入果内危害，一果内最多可达数十头。幼虫期20余天，老熟后脱果入土，多于10~25厘米土层中结薄茧化蛹。蛹期30余天，羽化早的当年秋天出土活动，秋末潜入树皮缝、土壤、杂草中越冬，多数成虫羽化后不出土，于茧内越冬。春旱时成虫出土少并推迟，雨后常集中出土，温暖向阳地出土早。

防治方法

农业防治　成虫出土期清晨震树，下接布单捕杀成虫，每5~7天进行1次；果期及时捡拾落果，集中处理消灭其中幼虫。

化学防治　成虫发生期树上喷洒90%晶体敌百虫600~800倍液或50%辛硫磷乳油1000倍液、5%顺式氰戊菊酯乳油2000~4000倍液、10%氯菊酯乳油1000~1500倍液。10~15天1次，连喷2~3次。或在成虫出土盛期地面喷洒25%辛硫磷胶囊剂800倍液毒杀出土成虫。

03　李小食心虫（图2-3-1至图2-3-4）

属鳞翅目卷蛾科。又名李小蠹蛾。

分布与寄主

分布　长江以北产区。

寄主　李、山楂、樱桃、桃、杏等果树。

危害特点　幼虫蛀果危害，蛀果前在果面吐丝结网，于网下蛀入果内果核附近，取食近核处果肉，果孔处流出泪珠状果胶，受害果内有大量虫粪，粪中无蛹壳。幼果被蛀多脱落，成长果被蛀部分脱落，对产量与品质影响极大。

形态诊断　成虫：体长4.5~7毫米，翅展11~14毫米，体背灰褐色，腹面灰白灰；前翅狭长烟灰色，翅面密布小白点，在近顶角和外缘，白点排成较整齐的横纹，缘毛灰褐色；后翅淡烟灰色，缘毛灰白色。卵：扁平圆形，长0.6~0.7毫米，淡黄色。幼虫：体长12毫米左右，桃红色，腹面色淡；头、前胸盾黄褐色，臀板淡黄褐色或桃红色。蛹：长6~7毫米，暗褐色。茧：长10毫米，纺锤形，污白色。

发生规律 1年发生1~4代，多数地区2~3代。均以老熟幼虫在树干周围土中、杂草等植被下及树皮裂缝中结茧越冬。各地成虫发生期：辽西越冬代5月中旬，第一代6月中下旬，第二代7月中下旬；山西忻州越冬代4月上旬至5月上旬，第一代5月下旬至6月下旬，第二代6月中旬至8月上旬，第三代7月下旬至8月下旬。成虫昼伏夜出，有趋光和趋化性；卵散产于果面上，卵期4~7天。孵化后即蛀果，果核未硬直入果心，被害果极易脱落，部分幼虫蛀果2~3天即转果，约经15天老熟脱果，于树皮缝、表土内结茧化蛹。第二代幼虫蛀食果肉至蛀孔流胶，被害果多不脱落，幼虫危害20余天老熟脱果，部分结茧越冬，发生3代者继续化蛹。第3~4代幼虫多从果梗基部蛀入，被害果多早熟脱落，末代幼虫老熟后脱果结茧越冬。天敌有食心虫白茧蜂等4种。

防治方法

物理防治 成虫发生期利用黑光灯、糖醋液诱杀成虫。

生物防治 利用天敌防治害虫。

落花后越冬代成虫羽化出土前防治 ①于树盘压土6~10厘米厚并拍实，使成虫不能出土，待成虫羽化完毕及时撤土防止果树翻根。②在树冠下以干周半径1米范围内地面撒药，毒杀羽化成虫，可喷洒50%辛硫磷乳油1000倍液、20%氰戊菊酯乳油或2.5%溴氰菊酯乳油2000倍液等。

卵孵化盛期至低龄幼虫期药剂防治 喷洒25%除虫脲悬浮剂或50%杀螟硫磷乳油、25%灭幼脲乳油1000倍液、5.7%氟氯氰菊酯乳油3000倍液等。

04 桃蛀螟（图2-4-1至图2-4-6）

属鳞翅目螟蛾科。又名桃蛀野螟、桃斑螟、桃实螟、桃果蠹、桃蠹螟、桃蠹心虫、桃蛀心虫、桃实虫、桃野螟蛾、桃斑纹野螟蛾、果斑螟蛾、豹纹蛾、豹纹斑螟。

分布与寄主

分布 全国各产区。

寄主 梨、桃、山楂、核桃、柿、杏、石榴、板栗、李等果树。

危害特点 幼虫从果与果、果与叶、果与枝的接触处钻入果实危害。果实内充满虫粪，致果实腐烂并造成落果或干果挂在树上。

形态诊断 成虫：体长10~12毫米，翅展24~26毫米，全体金黄色；胸、腹部及翅上都具有黑色斑点；触角丝状；雌蛾腹部末节呈圆锥形，雄蛾腹部末端有黑色毛丛。卵：椭圆形，长0.6~0.7毫米，乳白至红褐色。幼虫：体长22~25毫米，头部暗黑色，胸部暗红色或淡灰或浅灰蓝色，腹面淡绿色；前胸背板深褐色；中、后胸及第一至八腹节各有排成2列的大小毛片8个，前列6个后列2个。蛹：褐色或淡褐色，长约13毫米。

发生规律 黄淮地区1年发生4代，以老熟幼虫或蛹在僵果中、树皮裂缝、堆果场及残枝败叶中越冬。4月上旬越冬幼虫化蛹，下旬羽化产卵；5月中旬发生第一代；7月上旬发生第二代；8月上旬发生第三代；9月上旬为第四代，而后以老熟幼虫或蛹越冬。成虫昼伏夜出，对黑光灯趋性强，对糖醋液也有趋性。卵散产于两果相并处和枝叶遮盖的果面或梗洼上，卵期7天左右。幼虫世代重叠严重，尤以第一、二代重叠常见，以第二代危害重。

防治方法

农业防治 冬春季彻底清理树上、树下干僵果及园内枯枝落叶和刮除翘裂的树皮，清除果园周围的玉米、高粱、向日葵、蓖麻等遗株，深埋或烧毁，消灭越冬幼虫及蛹。

物理防治 在果园内点黑光灯或放置糖醋液诱杀成虫。种植诱集作物诱杀。根据桃蛀螟对玉米、高粱、向日葵趋性强的特性，在果园内或四周种植诱集作物，集中诱杀。一般每亩种植玉米、高粱或向日葵20~30株。

化学防治 掌握在桃蛀螟第一、二代成虫产卵高峰期的6月20日至7月30日间喷药，施药3~5次，叶面喷洒90%晶体敌百虫800~1000倍液或20%氰戊菊酯乳油1500~2000倍液、2.5%溴氰菊酯乳油2000~3000倍液、50%辛硫磷乳油1000倍液等。

05 梨小食心虫（图2-5-1至图2-5-4）

属鳞翅目卷蛾科。又名梨小蛀果蛾、桃折梢虫，简称梨小。

分布与寄主

分布 全国各产区。

寄主 梨、山楂、苹果、桃、李、杏、樱桃、枇杷等果树。

危害特点 幼虫食害芽、蕾、花、叶和果实。幼虫吐丝将叶片缀成饺子状，在其中取食叶肉，残留灰白色表皮。果实受害，初果面现一黑点，孔外排出较细虫粪，蛀孔四周变黑腐烂，形成黑疤，虫粪脱落，疤上仅有1小孔，果内有大量虫粪形成豆沙馅。新梢受害，梢端枯死易折断。

形态诊断 成虫：体长6~7毫米，翅展13~14毫米，体翅灰褐色；前翅前缘有8~10条白色斜纹，外缘有10个小黑点，翅中央有一小白点。卵：扁椭圆形，长约2.8毫米，初乳白渐变为淡黄色。幼虫：低龄幼虫体白色；老熟幼虫体长10~14毫米，头褐色，体淡黄白色或粉红色。蛹：纺锤形，长约7毫米，黄褐色；蛹外包有丝质白色薄茧。

发生规律 北方1年发生3~4代，南方发生6~7代。均以老熟幼虫在干、枝粗皮缝隙内、落叶或土中结茧越冬。华北、山东、陕西等地，越冬代成虫4月下旬至6月中旬发生，以后世代重叠严重。第一代成虫5月下旬至7月上旬发生。各虫态历期：卵期5~10天，幼虫期25~30天，蛹期7~10天。成虫于傍晚活动，对糖醋液和烂果有趋性，产卵于嫩叶背面或果实胴部，幼虫孵化后从新梢顶端蛀入向下蛀食致嫩梢枯萎，或蛀入果核周围串食，致被害果脱落，幼虫老熟后向果外咬一个虫孔脱果，爬至枝干粗皮处或果实基部结茧化蛹。第一、二代主要危害山楂、桃、李、杏的新梢，第三、四代危害山楂、桃、苹果、梨的果实。在核果类和仁果类混栽或毗邻果园，虫害发生重。天敌有赤眼蜂、小茧蜂、白僵菌等。

防治方法

农业防治 冬春季刮除树干和主枝上的翘皮，清除园内枯枝落叶，集中烧掉或深埋。果树生长前期，及时剪除被害、刚萎蔫的新梢。被害梢枯干时，其中的幼虫已转移。及时拾取落地果实深埋。

物理防治 用红糖、蜂蜜、水按1 ∶ 1 ∶ 15的比例，加入1%其他杀虫剂，配成诱杀液，装入盆碗或瓶内，挂在树上诱杀成虫。成虫发生期，在每株树上挂1个梨小食心虫性外激素诱芯，干扰雌雄成虫交尾产卵。

化学防治 关键时期是各代卵孵化前后。可喷洒50%杀螟硫磷乳油或90%晶体敌百虫1000倍液；48%哒嗪硫磷乳油2000倍液；2. 5%溴氰菊酯乳油或10%氯氰菊酯乳油2500倍液、25%灭幼脲悬浮剂1500倍液等。

06 李短尾蚜（图2-6-1，图2-6-2）

属同翅目蚜科。

分布与寄主

分布 全国各产区。

寄主 李、杏、桃等果树。

危害特点 成虫、若虫群集于嫩梢、叶上刺吸汁液，嫩梢顶端弯曲畸形，幼枝节间缩短，顶端停止生长，叶片向背面呈不规则卷缩，花芽生长受阻；重时嫩梢芽叶于夏季即枯死。

形态诊断 无翅孤雌蚜：体长椭圆形、淡黄色长1. 6毫米，宽0. 83毫米；有翅孤雌蚜：体长1. 7毫米，头、胸部黑色，腹部淡色，具黑色斑纹。卵：长约0. 5毫米，初黄绿渐变为黑色。若蚜：与无翅孤雌蚜相似。

发生规律 以卵在果树上越冬，春季果树发芽时孵化为若虫（干母），群集于植物的嫩梢、嫩叶上危害。在河南北部5月份危害最重，6月中旬产生有翅蚜，迁飞至夏寄主伞形科和菊科植物上危害，故夏季在被害卷叶内见不到蚜虫。9月下旬至10月在夏寄主上产生两性蚜飞回果树交尾产卵越冬。对黄色趋性强。天敌有瓢虫、草蛉、食蚜蝇、食蚜椿象类、茧蜂类、蚜小蜂、蚜霉菌等。

防治方法

农业防治 及时铲除果园内外杂草，减少蚜虫寄主；利用银灰色膜避蚜，采用黄油板诱杀。

生物防治 保护利用天敌防治蚜虫发生。

化学防治 当有蚜株率达10%时始防治，喷洒50%抗蚜威可湿性粉剂1500倍液或20%吡虫啉可湿性粉剂3000~5000倍液、10%联苯菊酯乳油3000倍液、15%辛·阿维乳油1500倍液等。

07 杏缢管蚜（图2-7-1，图2-7-2）

属同翅目蚜科。

分布与寄主

分布 全国除新疆、西藏未见报道外，其他各产区均有分布。

寄主 杏、桃、李、樱桃、苹果、梨等果树。

危害特点 成虫、若虫群集在果树嫩梢和叶片刺吸汁液，被害叶具失绿斑点，叶片向背面呈不规则卷缩。被害叶片硬化，秋季提前脱落。

形态诊断 无翅胎生雌蚜：体长1.7~2.2毫米，深绿色或暗紫褐色，头部黑色，腹部肥大较圆，末端稍带红色，疏被白色蜡粉。有翅胎生雌蚜：体长1.6~1.8毫米，头、胸部黑色，腹部暗绿色，稍显紫褐色，2对翅透明。卵：黑色，椭圆形，长约0.5毫米。若虫：与无翅胎生雌蚜相似，体淡紫色。

发生规律 以卵在果树上越冬，春季果树发芽时孵化为若虫，群集在嫩芽和叶片上危害，6月份产生有翅胎生雌蚜，迁飞到夏寄主禾本科植物上危害，故夏季在被害卷叶内见不到蚜虫。9月下旬至10月，在夏寄主上产生两性有翅蚜飞回果园，产卵越冬。

防治方法

农业防治 果园内避免间作小麦、谷类等禾本科作物；及时清除果园杂草，尤其是禾本科杂草；利用银灰色膜避蚜，采用黄油板诱杀。

化学防治 ①杏树发芽前，树体喷洒99%机油乳剂100倍液或20%甲氰菊酯乳油1500倍液等杀越冬卵。②杏树开花至发芽，越冬卵孵化前后至卷叶前是用药关键期，及时喷洒3%啶虫脒乳油2500~3000倍液、10%吡虫啉可湿性粉剂3000倍液、48%毒死蜱乳油2000倍液、52.5%蜱·氯乳油2000倍液等，10~15天1次，连续防治2~3次。

08 杏星毛虫（图2-8-1至图2-8-4）

属鳞翅目斑蛾科。又名桃斑蛾，红褐星毛虫、梅黑透羽、杏叶斑蛾。

分布与寄主

分布 长江以北产区。

寄主 杏、山楂、桃、樱桃、李、梨、柿等果树、林木、花卉。

危害特点　幼虫食芽、花、叶，早春蛀食萌动的芽致枯死。寄主发芽后危害花、嫩芽和叶，食叶成缺刻和孔洞，重则吃光叶片。

形态诊断　成虫：体长7～10毫米，翅展21～23毫米，体黑褐色具蓝色光泽；翅半透明，布黑色鳞毛；雄虫触角羽毛状，雌虫短锯齿状。卵：椭圆形，长0.7毫米，初白色渐至黄褐色。幼虫：体长13～16毫米，近纺锤形，背暗赤褐色，腹面紫红色；头小黑褐色，大部分缩于前胸内，取食或活动时伸出；腹部各节具横列毛瘤6个，中间4个大，毛瘤中间生很多褐色短毛，周生黄白长毛。蛹：椭圆形，淡黄至黑褐色。茧：椭圆形，丝质稍薄淡黄色，外常附泥土、虫粪等。

发生规律　1年发生1代，以初龄幼虫在树皮缝、枝杈及贴枝叶下结茧越冬。寄主萌动时开始出蛰活动，先蛀芽，后危害蕾、花及嫩叶。3龄后白天下树，潜伏到树干基部附近的土、石块及枯草落叶下、树皮缝中，19：00后又上树取食叶片，拂晓又下树隐蔽。老熟幼虫于5月中旬开始在树干周围的各种植被下、皮缝中结茧化蛹，6月上旬成虫羽化交配产卵，多产在树冠中下部老叶背面，块生，每块有卵70～80粒；卵期10～11天。第一代幼虫于6月中旬始见，啃食叶片表皮或叶肉，被害叶呈纱网状斑痕，幼虫受惊扰吐丝下垂，于7月上旬结茧越冬。天敌有金光小寄蝇、常怯寄蝇、梨星毛虫黑卵蜂、潜蛾姬小蜂等。

防治方法

农业防治　果树休眠期彻底刮除树体粗皮、翘皮、剪锯口周围死皮，消灭越冬幼虫。幼虫发生期在树干基部铺瓦片、碎砖等诱集幼虫，集中杀灭。

生物防治　保护和利用天敌。

化学防治　①于落叶后，用50%马拉硫磷乳油200倍液封闭剪锯口和树皮裂缝，可消灭大部分越冬幼虫。②幼虫危害期地面喷药，利用该虫白天下树潜伏的习性，在树干周围喷洒48%毒死蜱乳油500倍液或50%丙硫磷乳油800倍液。③树上喷药，卵孵化前后和低龄幼虫期喷洒50%马拉硫磷乳油或40%辛硫磷乳油1000倍液、2%氟丙菊酯乳油1000～2000倍液、20%氰戊菊酯乳油1500～2000倍液等。

09　绿尾大蚕蛾（图2-9-1至图2-9-11）

属鳞翅目大蚕蛾科。又名燕尾水青蛾、水青蛾、长尾月蛾、绿翅天蚕蛾。

分布与寄主

分布　除新疆、西藏、甘肃等地未见报道外，其他各李产区均有分布。

寄主　石榴、核桃、枣、苹果、梨、葡萄、沙果、海棠、栗、樱桃、李以及柳、枫、杨、木槿、乌桕等。

危害特点　幼虫食叶，低龄幼虫食叶成缺刻或空洞，稍大吃光全叶仅留叶柄。由于虫体大，食量大，发生严重时，吃光全树叶片。

形态诊断　成虫：雄成虫体长35～40毫米，翅展100～110毫米；雌成虫体长

40~45毫米，翅展120~130毫米。体粗大，体被浓厚白色绒毛呈白色；体腹面色浅近褐色。头部、胸部、肩板基部前缘有暗紫色横切带。触角黄色羽状。复眼大，球形黑色。雌翅粉绿色，雄翅色较浅，泛米黄色，基部有白色绒毛；前翅前缘具白、紫、棕黑三色组成的纵带一条，与胸部紫色横带相接，混杂有白色鳞毛；翅的外缘黄褐色；前后翅中室末端各具椭圆形眼斑1个，斑中部有一透明横带，从斑内侧向透明带依次由黑、白、红、黄四色构成；翅脉较明显，灰黄色。后翅臀角长尾状突出，长40毫米左右。足紫红色。卵：球形稍扁，直径约2毫米。灰白色，上有胶状物将卵黏成堆，近孵化时紫褐色。每堆有卵少者几粒，多者二三十粒。幼虫：1~2龄幼虫黑色，第二、三胸节及第五、六腹节橘黄色。3龄幼虫全体橘黄色。4龄开始渐变嫩绿色。老熟幼虫体长80~110毫米，头部绿褐色，头较小，宽约8毫米；体绿色粗壮，近结茧化蛹时体变为茶褐色。体节近六角形，着生肉状突毛瘤，前胸5个，中、后胸各8个，腹部每节6个，毛瘤上具白色刚毛和褐色短刺；中、后胸及第八腹节背毛瘤大，顶黄基黑，其他处毛瘤端部红色基部棕黑色。气门线以下至腹面浓绿色，腹面黑色。胸足褐色，腹足棕褐色。茧：灰白色，丝质粗糙；长卵圆形，长径50~55毫米，短径25~30毫米，茧外常有寄主叶裹着。蛹：长45~50毫米，紫褐色，额区有1个浅黄色三角斑。

发生规律 在辽宁、河北、河南、山东等北方果产区1年发生2代，在江西南昌可发生3代，在广东、广西、云南发生4代，在树上做茧化蛹越冬。北方果产区越冬蛹4月中旬至5月上旬羽化并产卵，卵历期10~15天。第一代幼虫5月上中旬孵化；幼虫共5龄，历期36~44天；老熟幼虫6月上旬开始化蛹，中旬达盛期，蛹历期15~20天。第一代成虫6月下旬至7月初羽化产卵，卵历期8~9天。第二代幼虫7月上旬孵化，至9月底老熟幼虫结茧化蛹，越冬蛹期6个月。成虫昼伏夜出，有趋光性，一般中午前后至傍晚羽化，羽化前分泌棕色液体溶解茧丝，然后从上端钻出，当天20：00~21：00至翌日2：00~3：00交尾，交尾历时2~3小时。翌日夜晚开始产卵，产卵历期6~9天。单雌产卵260粒左右。雄成虫寿命平均6~7天，雌成虫10~12天，虫体大、笨拙，但飞翔力强。1、2龄幼虫有集群性，较活跃；3龄以后逐渐分散，食量增大，行动迟钝。幼虫老熟后贴枝吐丝缀结多片叶在其内结茧化蛹。第一代茧多数在树枝上结茧，少数在树干下部；而越冬茧基本在树干下部分杈处。天敌有赤眼蜂等，主要寄生卵。

防治方法

农业防治 冬春季清除果园枯枝落叶和杂草，摘除越冬虫茧销毁；生长季节人工捕杀幼虫，设置黑光灯诱杀成虫。

生物防治 保护利用天敌，赤眼蜂在室内对卵的寄生率达84%~88%。

化学防治 幼虫3龄前喷药防治效果最佳，4龄后由于虫体增大用药效果差。常用杀虫剂有50%二嗪磷乳油1500倍液、50%辛硫磷乳油2000倍液、25%除虫脲胶悬剂1000倍液或菊酯类杀虫剂等。

10 茶蓑蛾（图2-10-1至图2-10-7）

属鳞翅目蓑蛾科。又名小窠蓑蛾、小蓑蛾、小袋蛾、茶袋蛾、避债蛾、茶背袋虫。

分布与寄主

分布　全国各李产区。

寄主　柿、桃、柑橘、石榴、李等100多种植物。

危害特点　幼虫在护囊中咬食叶片、嫩梢或剥食枝干、果实皮层，造成局部光秃。该虫喜集中危害。

形态诊断　成虫：雌蛾体长12~16毫米，足退化，无翅，蛆状，体乳白色；头小，褐色；腹部肥大，体壁薄，能看见腹内卵粒。雄蛾体长11~15毫米，翅展22~30毫米，体翅暗褐色；触角双栉状；胸部、腹部具鳞毛；前翅翅脉两侧色略深，外缘中前方具近正方形透明斑2个。卵：椭圆形，0.8毫米×0.6毫米，浅黄色。幼虫：体长16~28毫米，头黄褐色，胸部背板灰黄白色，背侧具褐色纵纹2条，胸节背面两侧各具浅褐色斑1个；腹部棕黄色，各节背面均有"八"字形黑色小突起4个。蛹：雌蛹纺锤形，长14~18毫米，深褐色；雄蛹深褐色，长13毫米；护囊：纺锤形，枯枝色，成长幼虫的护囊，雌的长约30毫米，雄的约25毫米。囊系以丝缀结叶片、枝条碎片及长短不一的枝梗而成，枝梗整齐地纵裂于囊的最外层。

发生规律　贵州1年发生1代，华东地区1年发生1~2代，台湾2~3代。以幼虫在枝叶上的护囊内越冬。翌春3月越冬幼虫开始取食，5月中下旬化蛹，6月上旬至7月中旬成虫羽化并产卵，卵期12~17天。第一代幼虫6~8月发生且危害重，幼虫期50~60天。第二代幼虫9月出现，危害至落叶越冬。幼虫孵化后先取食卵壳，后爬上枝叶或飘至附近枝叶上，吐丝黏缀碎叶营造护囊并开始取食。天敌有蓑蛾疣姬蜂、松毛虫疣姬蜂、桑螨疣姬蜂、大腿蜂、小蜂等。

防治方法

农业防治　发现虫囊及时摘除，集中烧毁。

生物防治　注意保护利用寄生蜂等天敌昆虫。或喷洒每克含1亿活孢子的杀螟杆菌或青虫菌6号悬浮剂防治。

化学防治　掌握在幼虫初孵期喷洒90%晶体敌百虫或50%杀螟硫磷乳油1000倍液、2.5%溴氰菊酯乳油2000倍液、10%氟丙菊酯乳油1500倍液等。

11 白囊蓑蛾（图2-11-1至图2-11-6）

鳞翅目蓑蛾科。又名白囊袋蛾、白蓑蛾、白袋蛾、白避债蛾、棉条蓑蛾、橘白蓑蛾。

分布与寄主

分布　河南、江苏、安徽、上海、浙江、江西、福建、台湾、广东、广西、湖南、湖北、贵州、四川、云南等产区。

寄主　李、杏、石榴、桃、苹果、梨、柿、枣、栗、核桃、柑橘、梅、枇杷、油茶、茶等。

危害特点　幼虫在护囊中咬食叶片、嫩梢或剥食枝干、果实皮层，造成寄主植物光秃。

形态诊断　成虫：雌体长9～16毫米，蛆状，足、翅退化，体黄白色至浅黄褐色微带紫色。头部小，暗黄褐色。触角小，突出；复眼黑色。各胸节及第一、二腹节背面具有光泽的硬皮板，其中央具褐色纵线，体腹面至第七腹节各节中央皆具紫色圆点1个，第三腹节后各节有浅褐色丛毛，腹部肥大，尾端瘦小似锥状。雄体长6～11毫米，翅展18～21毫米，浅褐色，密被白长毛，尾端褐色，头浅褐色，复眼黑褐色球形，触角暗褐色羽状；翅白色透明，后翅基部有白色长毛。卵：椭圆形，长0.8毫米，浅黄至鲜黄色。幼虫：体长25～30毫米，黄白色，头部橙黄至褐色，上具暗褐色至黑色云状点纹；胸节背面硬皮板褐色，中、后胸分成2块，上有黑色点纹；第八、九腹节背面具褐色大斑，臀板褐色。有胸足和腹足。蛹：黄褐色，雌体长12～16毫米，雄体长8～11毫米。蓑囊：灰白色，长圆锥形，长27～32毫米，丝质紧密，上具纵隆线9条，表面无枝和叶附着。

发生规律　1年发生1代，以低龄幼虫于蓑囊内在枝干上越冬。翌春寄主发芽展叶期幼虫开始危害，6月老熟化蛹。蛹期15～20天。6月下旬至7月羽化，雌虫仍在蓑囊里，雄虫飞来交配，产卵在蓑囊内，每雌产卵千余粒。卵期12～13天。幼虫孵化后爬出蓑囊，爬行或吐丝下垂分散传播，在枝叶上吐丝结蓑囊，常数头在叶上群居食害叶肉，随幼虫生长，蓑囊渐大，幼虫活动时携囊而行，取食时头胸部伸出囊外，受惊扰时缩回囊内，经一段时间取食便转至枝干上越冬。天敌有寄生蝇、姬蜂、白僵菌等。

防治方法

农业防治　结合园艺管理及时摘除蓑囊，碾压或烧毁。

生物防治　注意保护利用天敌。

化学防治　在7月5日至20日前后，幼虫2～3龄期，虫囊长1厘米左右，采用90%晶体敌百虫或50%丙硫磷乳油1000倍液、或10%醚菊酯乳油1500倍液喷雾，防治效果达95%以上。

12　黄刺蛾（图2-12-1至图2-12-12）

属鳞翅目刺蛾科。又名刺蛾、洋辣子、八角虫、八角罐、羊蜡罐、白刺毛等。

分布与寄主

分布 全国各李产区。

寄主 柿、桃、杏、石榴、苹果、李等果树。

危害特点 低龄幼虫群集叶背面啃食叶肉，稍大把叶食成网状，随虫龄增大则分散取食，将叶片吃成缺刻，仅留叶柄和叶脉，重者吃光全树叶片。

形态诊断 成虫：体长13~16毫米，翅展30~34毫米；头和胸部黄色，腹背黄褐色；前翅内半部黄色，外半部为褐色，有两条暗褐色斜线，在翅尖上汇合于一点，呈倒“V”字形，内面一条伸到中室下角，为黄色与褐色的分界线。卵：椭圆形，黄绿色。幼虫：体长16~25毫米，头小，胸腹部肥大，呈长方形，似幼儿的娃娃鞋，黄绿色；体背有一两端粗中间细的哑铃形紫褐色大斑，和许多突起枝刺。蛹：椭圆形，长12毫米，黄褐色。茧：灰白色，质地坚硬，茧壳上有几道褐色长短不一的纵纹，形似雀蛋。

发生规律 1年发生2代，以老熟幼虫在树枝上结茧越冬。翌年5月上旬化蛹，5月中下旬至6月上旬羽化，成虫趋光性强，产卵于叶背面，数十粒连成一片；6月中下旬幼虫孵化，初孵幼虫喜群集危害，数头幼虫白天头向内形成环状静伏于叶背。6月下旬至7月上中旬幼虫老熟后，固贴在枝条上，作茧化蛹。7月下旬出现第二代幼虫，危害至9月初结茧越冬。天敌主要有上海青蜂和黑小蜂等。

防治方法

农业防治 冬春季剪除冬茧集中烧毁，消灭越冬幼虫。

生物防治 摘除冬茧时，识别青蜂（冬茧上端有一被寄生蜂产卵时留下的小孔）选出保存，来年放入果园天然繁殖寄杀虫茧。低龄幼虫期每667平方米用每克含孢子100亿的白僵菌粉0.5~1千克，在雨湿条件下喷雾防治效果好。

化学防治 卵孵化盛期至幼虫危害初期喷洒90%晶体敌百虫或40%马拉硫磷乳油1200倍液、25%灭幼脲悬浮剂1500倍液、20%除虫脲悬浮剂3000~4000倍液、1.8%阿维菌素2000~3000倍液、20%抑食肼可湿性粉剂800~1000倍液、20%虫酰肼悬浮剂1000~1500倍液、2.5%溴氰菊酯乳油3000~4000倍液、10%乙氰菊酯乳油2000倍液等。

13 白眉刺蛾（图2-13-1至图2-13-6）

属鳞翅目刺蛾科。又名杨梅刺蛾。

分布与寄主

分布 全国多数李产区。

寄主 柿、桃、杏、石榴、核桃、枣、李等果树。

危害特点 幼虫危害叶片，低龄幼虫啃食叶肉，稍大把叶片食成缺刻或孔洞，重者仅留主脉。

形态诊断　成虫：体长8毫米，翅展16毫米左右，前翅乳白色，端部具浅褐色浓淡不均的云状斑。幼虫：体长7毫米左右，扁椭圆形，绿色，体背部隆起呈龟甲状，头褐色，很小，缩于胸前，体上无明显刺毛，体背生2条黄绿色纵带纹，纹上具小红点。蛹：长4.5毫米，近椭圆形。茧：长5毫米，圆筒形，灰褐色。

发生规律　1年发生2~3代，以老熟幼虫在树杈或叶背结茧越冬。翌年4~5月化蛹，5~6月成虫羽化，7~8月进入幼虫危害期，成虫昼伏夜出，有趋光性。卵块产于叶背，每块有卵8粒左右，卵期7天，低龄幼虫在叶背取食，留下半透明的上表皮，随虫龄增大，把叶食成缺刻或孔洞，重者食完全叶。8月下旬幼虫老熟，结茧越冬。

防治方法　参照黄刺蛾的防治方法。

14　丽绿刺蛾（图2-14-1至图2-14-9）

属鳞翅目刺蛾科。又名绿刺蛾。

分布与寄主

分布　全国各产区。

寄主　柿、桃、杏、石榴、苹果、梨、山楂、柑橘、李等果树和林木。

危害特点　以幼虫蚕食叶片，低龄幼虫群集叶背食叶成网状，重者食净叶肉，仅剩叶柄。

形态诊断　成虫：体长10~17毫米，翅展35~40毫米，触角雄蛾双栉齿状，雌蛾基部丝状；头顶、胸背绿色，腹部灰黄色；前翅绿色，肩角处有1块深褐色尖刀形基斑，外缘具深棕色宽带；后翅浅黄色，外缘带褐色。卵：扁平椭圆形，长径约1.5毫米，浅黄绿色。幼虫：体长25~27毫米，初龄时黄色，稍大转为粉绿色；从中胸至第八腹节各有4个瘤状突起，上生有黄色刺毛丛，第一腹节背面的毛瘤各有3~6根红色刺毛；腹部末端有4丛球状黑色刺毛；背中央具暗绿色带3条；两侧有浓蓝色点线。蛹：椭圆形，长约13毫米，黄褐色。茧：椭圆形，长约15毫米，暗褐色，坚硬。

发生规律　1年发生2代，以老熟幼虫在树干上结茧越冬。翌年4月下旬至5月上旬化蛹，第一代成虫于5月末至6月上旬羽化，第一代幼虫于6~7月发生；第二代成虫8月中下旬羽化，第二代幼虫于8月下旬至9月发生，至10月上旬在树干上结茧越冬。成虫有强趋光性，卵产于叶背，数十粒成块。初孵幼虫常7~8头群集取食，稍大后分散危害。幼虫体上的刺毛丛含有毒腺，人体皮肤接触后，常因毒液进入皮下而肿胀奇痛，故有“洋辣子”之称。天敌有爪哇刺蛾寄蝇等。

防治方法

农业防治　冬春季清洁果园消灭树枝上的越冬茧。及时摘除初孵幼虫群集危害的叶片消灭之，注意勿使虫体接触皮肤。

化学防治　卵孵化盛期至幼虫危害初期叶面喷洒90%晶体敌百虫或40%马拉硫磷乳油1200倍液、25%灭幼脲悬浮剂1500倍液、20%除虫脲悬浮剂3000～4000倍液、1.8%阿维菌素2000～3000倍液、20%抑食肼可湿性粉剂800～1000倍液、20%虫酰肼悬浮剂1000～1500倍液、2.5%溴氰菊酯乳油3000～4000倍液、10%乙氰菊酯乳油2000倍液等。

15 扁刺蛾（图2-15-1至图2-15-7）

属鳞翅目刺蛾科。又名黑点刺蛾、黑刺蛾。

分布与寄主

分布　全国各李产区。

寄主　柿、桃、杏、石榴、苹果、柑橘、李等果树。

危害特点　初孵幼虫群集叶背啃食叶肉，使叶片仅留透明的上表皮。随虫龄增大，食叶成空洞和缺刻，重者食光叶片。

形态诊断　成虫：体长13～18毫米，翅展28～35毫米；体暗灰褐色，腹面及足色较深；触角雌丝状，雄羽状；前翅灰褐稍带紫色，中室外侧有1条明显的暗斜纹，自前缘近顶角处向后缘斜伸；雄蛾中室上角有1个黑点；后翅暗灰褐色。卵：扁平椭圆形，长1.1毫米，淡黄绿至灰褐色。幼虫：体长21～26毫米，宽16毫米，体扁，椭圆形，背部稍隆起，形似龟背；全体绿色、黄绿色或淡黄色，背线白色；体边缘有10个瘤状突起，其上生有长刺毛，第四节背面两侧各有1个红点。蛹：长10～15毫米，近椭圆形，乳白至黄褐色。茧：椭圆形，长12～16毫米，紫褐色。

发生规律　1年发生1～3代，以老熟幼虫在树下3～6厘米土层内结茧以前蛹越冬。1代区6月上旬羽化、产卵，6月中旬至9月上中旬幼虫发生危害。2～3代区5月中旬至6月上旬羽化；第一代幼虫5月下旬至7月中旬发生；第二代幼虫7月下旬至9月中旬发生；第三代幼虫9月上旬至10月发生，均以老熟幼虫入土结茧越冬。卵多散产于叶面上，卵期7天左右。低龄幼虫啃食叶肉，留下一层表皮，大龄幼虫取食全叶，虫量多时，常从枝的下部叶片吃至上部，每枝仅存顶端几片嫩叶。

防治方法

农业防治　冬春季耕翻树盘，利用低温和鸟食消灭土中越冬的虫茧。

生物防治　喷洒青虫菌6号悬浮剂1000倍液，杀虫保叶。

化学防治　卵孵化盛期和低龄幼虫期喷洒30%杀虫双水剂1500～2000倍液或80%杀螟丹可溶性粉剂2000倍液、50%辛硫磷乳油或45%马拉硫磷乳油1000倍液、5%顺式氰戊菊酯乳油2000倍液等。

16 金毛虫（图2-16-1至图2-16-5）

属鳞翅目毒蛾科。又名桑斑褐毒蛾、纹白毒蛾、桑毒蛾、黄尾毒蛾、黄尾白毒蛾等。

分布与寄主

分布 全国各产区。

寄主 柿、山楂、桃、杏、苹果、石榴、樱桃、李等果树和林木。

危害特点 初孵幼虫群集叶背面取食叶肉，仅留透明的上表皮，稍大后分散危害，将叶片吃成大的缺刻，重者仅剩叶脉，并啃食幼果和果皮。

形态诊断 成虫：雌体长14~18毫米，翅展36~40毫米；雄体长12~14毫米，翅展28~32毫米；全体及足白色；触角双栉齿状；雌、雄蛾前翅近臀角处有褐色斑纹，雄蛾前翅在内缘近基角处还有一个褐色斑纹。卵：直径0.6~0.7毫米，淡黄色，上有黄色绒毛。幼虫：体长26~40毫米，头黑褐色，体黄色，背线红色；体背面有一橙黄色带，带中央贯穿一红褐间断的线；前胸背面两侧各有一红色瘤，其余各节背瘤黑色，瘤上生黑色长毛束和白色短毛。蛹：长9~11.5毫米。茧：长13~18毫米，椭圆形，淡褐色。

发生规律 1年发生2~6代，以幼虫结灰白色薄茧在枯叶、树杈、树干缝隙及落叶中越冬。2代区翌年4月开始危害春芽及叶片。一、二、三代幼虫危害高峰期主要在6月中旬、8月上中旬和9月上中旬，10月上旬前后开始结茧越冬。成虫昼伏夜出，产卵于叶背，形成长条形卵块，卵期4~7天。每代幼虫历期20~37天。幼虫有假死性。天敌主要有黑卵蜂、矮饰苔寄蝇、桑毛虫绒茧蜂等。

防治方法

农业防治 冬春季刮刷老树皮，清除园内外枯叶杂草，消灭越冬幼虫。在低龄幼虫集中危害时，摘虫叶灭虫。

生物防治 掌握在2龄幼虫高峰期，喷洒多角体病毒，每毫升含15000颗粒的悬浮液，每亩喷洒20升。

化学防治 幼虫分散危害前，及时喷洒2.5%溴氰菊酯乳油或20%氰戊菊酯乳油3000倍液、10%联苯菊酯乳油4000~5000倍液、52.25%蜱·氯乳油2000倍液、50%辛硫磷乳油1000倍液、10%吡虫啉可湿性粉剂2500倍液。

17 茸毒蛾（图2-17-1至图2-17-8）

属鳞翅目毒蛾科。又名苹毒蛾、苹红尾蛾、纵纹毒蛾。

分布与寄主

分布 全国各产区。

寄主 柿、桃、杏、草莓、石榴、李、山楂、枇杷等果树和林木。

危害特点 幼虫食量大，危害时间长，食叶成缺刻或孔洞。局部地区易大发生，危害重。

形态诊断 成虫：雄蛾翅展35~45毫米，雌蛾45~60毫米；头、胸部灰褐色；触角栉齿状；腹部灰白色；雄蛾前翅灰白色，有黑色及褐色鳞片；后翅白色带黑褐色鳞片和毛。卵：扁圆形，浅褐色。幼虫：体长45~52毫米，体浅黄色至淡紫红色；体腹面浅黑色；体背各节生有黄色毛瘤，上面簇生浅黄色长毛；第一至四腹节背面各具1簇黄色刷状毛；第一、二腹节背面的节间有一深黑色大斑；第八腹节背面有1束向后斜伸的棕黄色至紫红色毛；幼虫具假死性。蛹：浅褐色。

发生规律　1年发生1~3代，以蛹越冬。翌年4月下旬羽化，一代幼虫5月至6月上旬发生，二代幼虫6月下旬至8月上旬发生，三代幼虫8月中旬至11月中旬发生，越冬代蛹期约6个月。黄淮产区二、三代发生重。卵块产在叶片和枝干上，每块卵20~300粒。幼虫历期20~50天，老熟幼虫将叶卷起结茧。天敌主要有毒蛾黑瘤姬蜂、蚂蚁、食虫蝽类等。

防治方法

农业防治　冬春清园内枯枝落叶集中销毁，消灭越冬虫源。

化学防治　卵孵化盛期至低龄幼虫期，叶面喷洒25%灭幼脲悬浮剂2000倍液或90%晶体敌百虫1000倍液、25%溴氰菊酯乳油2000倍液、20%戊菊酯乳油1500~2000倍液。

18　麻皮蝽（图2-18-1至图2-18-6）

属半翅目蝽科。又名黄霜蝽、黄斑蝽、臭屁虫。

分布与寄主

分布　全国各产区。

寄主　李、枣、梨、石榴、柑橘等果树。

危害特点　成虫、若虫刺吸寄主植物的嫩茎、嫩叶和果实汁液。叶片和嫩茎被害后，出现黄褐色斑点，叶脉变黑，叶肉组织颜色变暗，重者导致叶片提早脱落、嫩茎枯死；果实被害，果面呈现黑褐色麻点。

形态诊断　成虫：体长18~24.5毫米，宽8~11.5毫米，密布黑色点刻，背部棕褐色；前胸背板、小盾片、前翅革质部布有不规则细碎黄色凸起斑纹；前翅膜质部黑色；腹面黄白色；头部稍狭长，前尖；触角5节黑色丝状。卵：近鼓状，顶端具盖，白色。若虫：初龄若虫胸、腹背面有许多红、黄、黑相间的横纹；二龄若虫腹背前面有6个红黄色斑点，后面中间有一椭圆形褐色凸起斑；老熟若虫与成虫相似，红褐或黑褐色，触角4节，黑色；前胸背板中部及小盾片两侧角具6个淡红色斑点；腹背中部具暗色斑3个，上各有淡红色臭腺孔2个。

发生规律　1年发生1代，以成虫于草丛或树洞、树皮裂缝及枯枝落叶下、墙缝、屋檐下越冬。翌春果树发芽后开始活动，5~7月交配产卵，卵多产于叶背，数粒或数十粒黏在一起，卵期约10天，5月中旬见初孵若虫，7~8月羽化为成虫危害至深秋，10月开始越冬。成虫飞行力强，喜在树体上部活动，有假死性，受惊时分泌臭液。

防治方法

农业防治　冬春季清除园地枯叶杂草，集中烧毁或深埋。成虫、若虫危害期，掌握在成虫产卵前，于清晨震落捕杀。

化学防治　成虫产卵期和若虫期喷洒25%溴氰菊酯乳油2000倍液或10%氯菊酯乳油1000~1500倍液、40%辛硫磷乳油600~1000倍液、10%乙氰菊酯乳油800~1000倍液等。

19　茶翅蝽（图2-19-1至图2-19-4）

属半翅目蝽科。又名臭木椿象、臭木蝽、茶色蝽。

分布与寄主

分布　除新疆、青海未见报道外，其他各产区均有分布。

寄主　苹果、山楂、樱桃、柿、枣、梨、苹果、柑橘、李等果树和林木。

危害特点　成虫、若虫刺吸叶、嫩梢及果实汁液，致植株生长变弱，果实表面出现黑色斑点。

形态诊断　成虫：体长12~16毫米，宽6.5~9毫米，扁椭圆形，淡黄褐至茶褐色，略带紫红色，前胸背板、小盾片和前翅革质部有黑褐色刻点，前胸背板前缘横列4个黄褐色小点，小盾片基部横列5个小黄点；腹部侧接缘为黑黄相间。卵：圆筒形，直径约0.7毫米，初灰白渐至黑褐色。若虫：初孵体长1.5毫米左右，近圆形；腹部淡橙黄色，各腹节两侧节间各有1长方形黑斑，共8对；腹部第三、五、七节背面中部各有1个较大的长方形黑斑；老熟若虫与成虫相似，无翅。

发生规律　1年发生1代，以成虫在空房、屋角、檐下、树洞、土缝、石缝及草堆等处越冬。5月上旬陆续出蛰活动，6月上旬至8月产卵，多块产于叶背，每块20~30粒。卵期10~15天，6月中下旬为卵孵化盛期，7月上旬出现若虫，8月中旬至9月下旬为成虫盛期。成虫和若虫受到惊扰或触动时，即分泌臭液逃逸。天敌有椿象黑卵蜂、稻蝽小黑卵蜂等。

防治方法

农业防治　冬春季捕杀越冬成虫。发生期随时摘除卵块，及时捕杀初孵群集若虫。

生物防治　①5~7月为该虫寄生蜂成虫羽化和产卵期，果园应避免使用触杀性杀虫剂。②果园外围栽榆树作为防护林，可保护椿象黑卵蜂到林带内椿象卵上繁殖。

化学防治　于成虫产卵期和低龄若虫期喷洒48%毒死蜱乳油2000倍液或20%杀螟硫磷乳油3000倍液、50%丙硫磷乳油1000倍液、5%氟虫脲乳油1000~

1500倍液等。

20 桑剑纹夜蛾（图2-20-1，图2-20-2）

属鳞翅目夜蛾科。又名大剑纹夜蛾、桑夜蛾、香椿灰斑夜蛾。

分布与寄主

分布　全国各产区。

寄主　山楂、杏、香椿、桃、李、柑橘等果树和林木。

危害特点　幼虫食叶成缺刻或孔洞，重者吃光全树叶片。

形态诊断　成虫：体长27~29毫米，翅展62~69毫米；体深灰色，腹面灰白色；头部灰白色，触角丝状；前翅灰白色至灰褐色，剑纹黑色，翅基剑纹树枝状，端剑纹2条，肾纹外侧一条较粗短，近后缘一条较细长；环纹灰白色较小，肾纹灰褐色较大，均具黑边；后翅灰褐色。卵：扁馒头形，淡黄至黄褐色。幼虫：体长48~52毫米，体黑色，密被黄色长、短毛及粗针状黑色短刺毛，黑色短刺毛簇生于体背毛瘤上，其两侧及体侧为黄色，体侧毛瘤凸起较明显。蛹：长椭圆形，长24~28毫米，褐至黑褐色。茧：长椭圆形，灰白至土色。

发生规律　1年发生1代，以茧蛹于树下土中和石块缝隙中越冬。翌年7月上旬羽化，7月中下旬始产卵，卵期7天。7月下旬至8月上中旬幼虫孵化，幼虫期30~38天，老熟幼虫于9月上旬下树结茧化蛹。成虫昼伏夜出，具趋光性和趋化性。卵多产在枝条近端部嫩叶叶面上，数十至数百粒一块。初孵幼虫群集叶上啃食表皮、叶肉，致成缺刻或孔洞，仅留叶脉，随虫龄增大可把叶吃光，残留叶柄，有转枝、转株危害习性。天敌主要有桑夜蛾盾脸姬蜂。

防治方法

农业防治　冬春季翻树盘，利用低温、鸟食消灭越冬茧蛹。

物理防治　成虫发生期，设置黑光灯诱杀成虫；常检查并及时捕杀群集幼虫。

化学防治　卵孵化盛期后施药最关键，可喷洒48%毒死蜱乳油或50%杀螟硫磷乳油、50%马拉硫磷乳油1000倍液、2.5%溴氰菊酯乳油、20%氰戊菊酯乳油3000~3500倍液、10%联苯菊酯乳油4000倍液或52.25%蜱·氯乳油1500倍液等。

21 桃剑纹夜蛾（图2-21-1至图2-21-3）

属鳞翅目夜蛾科。又名苹果剑纹夜蛾。

分布与寄主

分布　全国各产区。

寄主　苹果、桃、樱桃、杏、山楂、梨、李、核桃等果树。

危害特点　幼龄幼虫群集叶背危害，取食上表皮和叶肉，仅留下表皮和叶脉，受害叶呈网状，幼虫稍大后将叶片食成缺刻或孔洞，并啃食果皮，果面上出现不规则的坑洼。

形态诊断 成虫：体长17~22毫米，翅展40~48毫米，体表被较长的鳞毛，体、翅灰褐色；前翅有3条与翅脉平行的黑色剑状纹，基部的1条呈树枝状，端部2条平行，外缘有1列黑点；触角丝状暗褐色；后翅灰白色，翅脉淡褐色；腹面灰白色，雄腹末分叉，雌较尖。卵：半球形，直径1.2毫米，白至污白色。幼虫：老熟幼虫体长38~40毫米，头红棕色布黑色斑纹，其余部分灰色略带粉红；体背有1条橙黄色纵带，纵带两侧每节各有2个黑色毛瘤，其上着生黑褐色长毛，毛端黄白稍弯；第一腹节背面中央有一黑色柱状突起；胸足黑色，腹足俱全，暗灰褐色。蛹：长约20毫米，棕褐色，有光泽。

发生规律 1年发生2代，以茧蛹在土中或树皮缝中越冬。成虫于翌年5~6月间羽化。成虫昼伏夜出，有趋光性和趋化性，产卵于叶面。5月中下旬发生第一代幼虫，危害至6月下旬，吐丝缀叶，在其中结白色薄茧化蛹，第一代成虫于7月下旬至8月下旬发生。第二代幼虫于7月下旬至8月上中旬发生，9月中旬后化蛹越冬。天敌有桥夜蛾绒茧蜂等。

防治方法

农业防治 冬春翻树盘，消灭在土中越冬的蛹。成虫发生期设置糖醋液盆和黑光灯，诱杀成虫。

化学防治 幼虫发生期喷洒90%晶体敌百虫1000倍液或20%杀螟硫磷乳油2000倍液、20%甲氰菊酯乳油2000倍液、2.5%溴氰菊酯乳油3000倍液等。

22 果剑纹夜蛾（图2-22-1，图2-22-2）

属鳞翅目夜蛾科。又名樱桃剑纹夜蛾。

分布与寄主

分布 全国各产区。

寄主 樱桃、苹果、山楂、杏、梨、桃、李等果树和林木。

危害特点 初龄幼虫食叶的表皮和叶肉，仅留下表皮，似纱网状；3龄后把叶吃成长圆形孔洞或缺刻，也啃食幼果果皮。

形态诊断 成虫：体长11~22毫米，翅展37~41毫米；头部和胸部暗灰色，腹部背面灰褐色；前翅灰黑色，黑色基剑纹、中剑纹、端剑纹明显；后翅淡褐色；足黄灰黑色。卵：白色透明似馒头形，直径0.8~1.2毫米。幼虫：体长25~30毫米，绿色或红褐色，头部褐色具深斑纹；背线红褐色，亚背线赤褐色，气门上线黄色，中胸、腹部第二、三、九节背部各具黑色毛瘤1对，腹部第一、四至八节各具黑色毛瘤2对，生有黑长毛。蛹：长11.2~15.5毫米，纺锤形，深红褐色。茧：长16~19毫米，纺锤形，丝质薄茧外多黏附碎叶或土粒。

发生规律 1年发生2～3代，以茧蛹在地上草丛、土中或树皮裂缝中越冬。越冬成虫于4月下旬至5月中旬羽化；第一代成虫于6月下旬至7月下旬羽化；第二代于8月上旬至9月上旬羽化。成虫昼伏夜出，具趋光性和趋化性；羽化后短时间即交配产卵，卵期4～8天。幼虫期第一代19～35天，第二代22～31天，第三代23～43天。天敌有夜蛾绒茧蜂等。

防治方法

物理防治 成虫发生期利用糖醋液或黑光灯、高压汞灯诱杀成虫。

农业防治 秋末深翻树盘消灭越冬虫蛹。

化学防治 各代卵孵化盛期喷洒50%杀螟硫磷乳油或52.25%蜱·氯乳油1500倍液、20%甲氰菊酯乳油2000倍液、2.5%溴氰菊酯乳油或20%氰戊菊酯乳油3000～3500倍液、10%联苯菊酯乳油4000～5000倍液等。

23 美国白蛾（图2-23-1至图2-23-10）

属鳞翅目灯蛾科。是国内外重要的检疫对象。

分布与寄主

分布 全国许多产区。

寄主 柿、桃、枣、杏、苹果、山楂、李、石榴、梨等200多种植物。

危害特点 以幼虫群集结网，并在网内食害叶肉，残留表皮。网幕随幼虫龄期增长而扩大，长的可达1.5米以上。幼虫5龄后出网分散危害，严重时整株叶片被吃光。

形态诊断 成虫：体长12～17毫米，白色；雄虫触角双栉齿状，黑色；越冬代成虫前翅上有较多的黑色斑点，第一代成虫翅面上的斑点较少；雌虫触角锯齿状，前翅翅面很少有斑点。卵：近球形，直径0.57毫米，灰褐色。幼虫：体长28～35毫米；头黑色具光泽，体色黄绿色至灰黑色，变化较大，背部两侧线之间有1条灰褐色宽纵带；背部毛瘤黑色，体侧毛瘤橙黄色，毛瘤上生有灰白色长毛。蛹：长8～15毫米，暗红色。

发生规律 1年发生2代，以蛹于茧内在枯枝落叶中、墙缝、表土层、树洞等处越冬。翌年5月上旬出现成虫。第一代幼虫发生期6月上旬至7月下旬，第二代幼虫发生期8月中旬至9月中旬。成虫常300～500粒成块产卵于叶片背面，单层排列，卵期约7天，幼虫孵化后短时间即吐丝结网，群集网内危害，4龄后分散危害，幼虫期35～42天；幼虫老熟后下树寻找适宜场所结薄茧化蛹越冬。

防治方法

农业防治 清除园中落叶杂草，冬春翻树盘，消灭越冬蛹。

化学防治 防治的关键时期是第一代幼虫发生期和其他各代幼虫发生初期。可喷洒50%杀螟硫磷乳油1000倍液或90%晶体敌百虫1000～1500倍液、

20%氰戊菊酯乳油3000倍液、20%辛·阿维乳油1000倍液等。

24 桃天蛾（图2-24-1至图2-24-3）

属鳞翅目天蛾科。又名枣豆虫、枣桃六点天蛾。

分布与寄主

分布　全国多数产区。

寄主　枣、桃、杏、樱桃、李等果树。

危害特点　幼龄幼虫将叶片吃成孔洞或缺刻，随虫龄增大常将叶片吃掉大半甚至吃光。

形态诊断　成虫：体长36～46毫米，翅展82～120毫米。体、翅黄褐色至灰褐色；前胸背板棕黄色，腹部各节间有棕色横环；前翅有4条深褐色波状横带，后缘近后角处有1个黑斑，其前方有1个小黑点；后翅枯黄至粉红色，近臀角处有2个黑斑；前翅腹面粉红色，后翅腹面灰褐色。卵：椭圆形，长约1.6毫米，绿色有光泽。幼虫：体长80～84毫米，绿色或黄褐色；头部三角形，青绿色，每节两侧各有1条黄白色斜条纹，第八腹节背面后缘有1个很长的斜向后方的尾角。蛹：长约45毫米，黑褐色。

发生规律　在东北和华北部分地区1年发生1代，黄淮地区发生2代，以蛹在土中越冬。1代区，成虫于6月羽化，7月上旬出现幼虫，危害至9月份，老熟入土化蛹越冬。2代区，5月中旬至6月中旬羽化，第一代幼虫5月下旬至7月发生，第一代成虫7月发生。第二代幼虫7月下旬发生，危害至9月，入土化蛹越冬。成虫昼伏夜出，有趋光性。卵多产于树皮裂缝中。幼虫体大食量也大，暴食叶片。老熟幼虫多在树冠下疏松土中4～7厘米深处做土室化蛹。幼虫天敌有寄生蜂等。

防治方法

农业防治　冬春深翻树盘，利用低温或鸟食消灭土中越冬蛹。幼虫发生期经常检查，发现危害及时捕捉消灭。成虫发生期设置黑光灯诱杀成虫。

化学防治　在幼虫初孵期及时喷洒48%哒嗪硫磷乳油或50%杀螟硫磷乳油、70%马拉硫磷乳油1000倍液、20%氰戊菊酯乳油3000～3500倍液、52.25%蜱·氯乳油1500倍液等。

25 山楂叶螨（图2-25-1至图2-25-6）

属蜱螨目叶螨科。又名山楂红蜘蛛。

分布与寄主

分布　全国各产区。

寄主　梨、苹果、山楂、樱桃、桃、杏、李等果树。

危害特点 以幼螨、若螨、成螨危害芽、叶、果，常群集在叶片背面的叶脉两侧拉丝结网，在网下刺吸叶片的汁液。被害叶片出现失绿斑点，渐变成黄褐色或红褐色、枯焦乃至脱落。

形态诊断 成螨：雌成螨椭圆形，0.45毫米×0.28毫米，深红色；体背前端稍隆起，后部有横向的表皮纹；刚毛较长；足4对，淡黄色；冬型雌成螨鲜红色，夏型雌成螨深红色。雄成螨体长0.43毫米，末端尖削，浅黄绿至浅绿色，体背两侧各有1个大黑斑。卵：圆球形，浅黄白至橙黄色。幼螨：3对足，体圆形，初黄白色渐变为浅绿色，体背两侧具深绿色斑纹。若螨：4对足，淡绿至浅橙黄色，体背出现刚毛、两侧有黑绿色斑纹，后期可区分雌雄。

发生规律 1年发生6~10代，以受精雌成螨在树皮缝隙内越冬。果树萌芽期，越冬雌成螨开始出蛰，爬到花芽上取食危害，果树落花后，成螨在叶片背面危害，这一代发生期比较整齐，以后各世代重叠。6~7月份高温干旱季节适于叶螨发生，为全年危害高峰期。进入8月份，雨量增多，湿度增大，加上害螨天敌的影响，危害减轻。8月下旬后越冬型雌成螨陆续发生，10月害螨全部越冬。天敌有捕食螨等。

防治方法

农业防治 冬春季刮除树干上的老翘皮，消灭越冬雌成螨。

生物防治 果园内自然天敌种类很多，应尽量减少喷药次数，利用天敌控制害螨发生。

化学防治 防治的关键期在果树萌芽期和第一代若螨发生期（果树落花后）。①发芽前，喷洒3~5波美度的石硫合剂或含油3~5%的柴油乳剂等。②果树萌芽期，喷洒50%硫黄悬浮剂200~400倍液或5%噻螨酮乳油1500倍液等。③若螨发生期喷洒20%四螨嗪悬浮剂或15%哒螨灵乳油2000倍液、1.8%阿维菌素乳油4000倍液等。

26 四星尺蠖（图2-26-1，图2-26-2）

属鳞翅目尺蛾科。

分布与寄主

分布 除西北少数地区外，全国各产区均有分布。

寄主 杏、李、枣、苹果、梨、柑橘等果树。

危害特点 幼虫食害嫩芽和叶成缺刻或孔洞，致芽生长点受损。

形态诊断 成虫：体长18毫米，体绿褐色或青灰白色；前后翅具多条黑褐色锯齿状横线，翅中部有一肾形黑纹，前后翅上各有一个星状斑，后翅内侧有一条污点带，翅反面布满污点，外缘黑带不间断。卵：椭圆形，青绿色。幼虫：老熟幼虫体长65毫米左右，体浅黄绿色，有黑色细纵条纹，腹背第二至八节上有瘤状突起各1对。蛹：长20毫米左右，体前半部黑褐色，后半部红褐色。

发生规律　发生代数不详，浙江省于5~7月中旬以幼虫危害枣树，9月中旬化蛹。成虫晚上活动。

防治方法

农业防治　冬春季耕翻园地，清除园内枯枝落叶，集中烧毁或深埋。

物理防治　黑光灯或频振式杀虫灯诱杀成虫。

化学防治　在低龄幼虫发生期，叶面喷洒90%晶体敌百虫或40辛硫磷乳油800~1000倍液、20%氰戊菊酯乳油或2.5%溴氰菊酯乳油4000~5000倍液、20%抑食肼悬浮剂1500~2000倍液、25%灭幼脲悬浮剂1200~1500倍液等。

27　春尺蠖（图2-27-1至图2-27-3）

属鳞翅目尺蠖科。又名沙枣尺蠖、桑尺蠖、榆尺蠖、柳尺蠖等。

分布与寄主

分布　北方各产区。

寄主　樱桃、杏、李、枣、核桃、苹果等果树。

危害特点　幼虫食害芽、叶，为暴食性害虫，严重时把芽、叶吃光。

形态诊断　成虫：雌蛾体长9~16毫米，灰褐色，无翅；雄蛾体长10~14毫米，翅展29~39毫米；雌雄蛾腹部各节背面均具棕黑色横行刺列。卵：椭圆形，黑紫色。幼虫：体长约35毫米，体色呈黄绿至墨绿色。蛹：长8~18毫米，棕褐色。

发生规律　1年发生1代，以蛹在土中越冬。新疆于翌年2月下旬至4月中旬羽化，3月中下旬进入产卵高峰期，3月下旬至5月中旬进入幼虫期，4月中下旬是该虫暴食期，4月下旬幼虫入土化蛹，5月10日进入化蛹盛期。盐碱地果园受害重。天敌有麻雀等鸟类。

防治方法

农业防治　①加强果园管理，及时翻耕树干四周的土壤，杀灭在土中越夏或越冬的蛹。②阻杀成虫。利用成虫羽化出土后沿树干上爬产卵的习性，将作物秸秆切成30~40厘米长，捆扎在树干四周厚5~8厘米，诱集成虫钻入产卵，每日打开捕杀成虫，并在卵尚未孵化前把草束集中烧掉。也可用废报纸绕树干围成倒喇叭口状，把成虫阻于内，每天早晨捕杀1次。

化学防治　在卵孵化前后及时喷洒90%晶体敌百虫800倍液、40%辛硫磷乳油或10%醚菊酯悬浮剂1000倍液、10%氯菊酯乳油1500倍液、48%哒嗪硫磷乳油1200倍液等。

28　小绿叶蝉（图2-28-1，图2-28-2）

属同翅目叶蝉科。又名桃叶蝉、桃小叶蝉、桃小绿叶蝉、桃小浮尘子等。

分布与寄主

分布　全国各产区。

寄主　桃、柿、梨、苹果、杏、葡萄、樱桃、柑橘、李等果树。

危害特点　成虫、若虫刺吸寄主汁液，被害叶初现黄白色斑点，渐扩大成片，严重时全叶苍白早落。

形态诊断　成虫体长3.3~3.7毫米，淡黄绿至绿色，复眼灰褐至深褐色，触角刚毛状；前胸背板、小盾片浅鲜绿色，常具白色斑点；前翅半透明，淡黄白色，周缘具淡绿色细边；后翅透明膜质；各足胫节端部以下淡青绿色，爪褐色；后足跳跃式；腹部背板色较腹板深，末端淡青绿色。卵：长椭圆形，0.6毫米×0.15毫米，乳白色。若虫：体长2.5~3.5毫米，与成虫相似。

发生规律　1年发生4~6代，以成虫在落叶、杂草或低矮绿色植物中越冬。翌年春桃、李、杏发芽后出蛰，飞到树上刺吸汁液。卵多产在新梢或叶片主脉里，卵期5~20天，若虫期10~20天，非越冬成虫寿命30天；完成一个世代40~50天。因发生期不整齐致世代重叠，6月虫口数量增加，8~9月最多且危害重，秋后以成虫越冬。成虫、若虫喜欢白天活动在叶背刺吸汁液或栖息。成虫善跳，可借风力扩散，旬均温15~25℃适其生长发育，28℃以上及连阴雨天气虫口密度下降。

防治方法

农业防治　冬春季清除园内落叶及杂草，减少越冬虫源。

化学防治　越冬代成虫迁入后，各代若虫孵化盛期及时喷洒40%辛硫磷乳油1500倍液或10%吡虫啉可湿性粉剂2500倍液、50%马拉硫磷乳油1500倍液、20%噻嗪酮乳油1000倍液、2.5%溴氰菊酯乳油或10%溴氰菊酯乳油2000倍液、50%抗蚜威超微可湿性粉剂3000~4000倍液防治。

29　桃潜蛾（图2-29-1至图2-29-4）

属鳞翅目潜蛾科。又名桃潜叶蛾。

分布与寄主

分布　全国各地。

寄主　桃、樱桃、李、杏、苹果、山楂等果树。

危害特点　幼虫在叶肉里蛀食呈弯曲隧道，致叶片破碎干枯脱落。

形态诊断　成虫：体长3毫米，翅展8毫米左右，银白色，触角丝状；前翅白色，狭长，中室端部有一椭圆形黄褐色斑，外侧具黄褐色三角形端斑一个；后翅灰色缘毛长。卵：圆形，长0.5毫米，乳白色。幼虫：体长6毫米，淡绿色，头淡褐色，胸足短小，黑褐色，腹足极小。蛹：长3~4毫米，细长淡绿色。茧：长椭圆形，白色，两端具长丝，黏附叶背。

发生规律　河南1年发生7~8代，以蛹在被害叶上的茧内越冬，翌年4月桃展叶后成虫羽化。北京平谷年生6代，以成虫越冬。成虫昼伏夜出，卵散产在叶表皮内。孵化后在叶肉里潜食，初串成弯曲似同心圆状蛀道，常枯死脱落成孔洞，后线状弯曲也多破裂，粪便充塞蛀道中。幼虫老熟后钻出，多于叶背中部吐丝结茧，于内化蛹。5月上旬始见第一代成虫。后每20~30天完成一代。发生期不整齐，10~11月以成虫或以末代幼虫于叶上结茧化蛹越冬。

防治方法

农业防治 冬春季清除园内落叶和杂草，集中处理消灭越冬蛹和成虫。

化学防治 ①花前防治。樱桃树花芽膨大期，叶芽尚未开放，越冬代成虫已出蛰群集在主干或主枝上，及时喷洒90%晶体敌百虫1000倍液对压低当年虫口数量起有决定性作用。②防治一代幼虫。樱桃树春梢展叶期，喷洒20%甲氰菊酯乳油或52.25%蜱·氯乳油1500~2000倍液、25%喹硫磷乳油1500倍液，5月下旬出蛾高蜂期喷洒25%灭幼脲悬浮剂1500倍液。③8月中下旬叶面喷洒25%灭幼脲悬浮剂2000倍液或5%高效氯氰菊酯乳油1500倍液等。

30 双线盗毒蛾（图2-30-1，图2-30-2）

属鳞翅目毒蛾科。

分布与寄主

分布 全国多数李产区。

寄主 枇杷、枣、柿、桃、梨、柑橘、李等果树。

危害特点 以幼虫咬食新梢嫩芽和叶，致芽、叶缺刻并枯死；啃食花器和谢花后的小果，致落花落果。

形态诊断 成虫：体长12~14毫米，翅展20~38毫米，体暗黄褐色；前翅褐色至赤褐色，内、外线黄色，前缘、外缘和缘毛柠檬黄色，外缘和缘毛被黄褐色部分分隔成三段；后翅淡黄色。卵：扁圆球形。幼虫：老熟幼虫体长21~28毫米，头部浅褐至褐色，胸、腹部暗棕色，前中胸和第三至七腹节、以及第九腹节背线黄色，中央贯穿红色细线；后胸红色，前胸侧瘤红色，第一、二和第八腹节背面有黑色绒球状短毛簇，其余毛瘤为污黑色或浅褐色。蛹：圆锥形，长约13毫米，褐色，外被疏松的棕色丝茧。

发生规律 福建1年发生7代，以幼虫在寄主叶片间越冬。广州等冬季气温较暖地区，年发生10多代，无越冬现象。沿黄地区，4月上旬幼虫出蛰活动危害，5月上旬越冬代成虫始见。成虫昼伏夜出，有趋光性。卵块产在叶背或花穗枝梗上，上覆黄褐色或棕色毛。初孵幼虫有群集性，在叶背取食叶肉，残留上表皮。稍大后分散危害，将叶片食成缺刻或孔洞，或咬食花器，或咬食刚谢花的幼果。老熟幼虫入表土层结茧化蛹。幼虫天敌有姬蜂、小茧蜂和食虫鸟类等。

防治方法

农业防治　果树生长季节及冬春季及时中耕园地和清除园内外杂草，杀死土中虫蛹。结合疏梢、疏花疏果，捕杀幼虫。

化学防治　卵孵化盛期和低龄幼虫期叶面喷洒5%氟虫脲乳油800～1000倍液或10%氯氰菊酯乳油2500～3000倍液、2.5%三氟氯氰菊酯乳油2000～2500倍液、40%辛硫磷乳油1000倍液、10%吡虫啉可湿性粉剂2000倍液等。

31　白小食心虫（图2-31-1至图2-31-4）

属鳞翅目卷蛾科。又名桃白小卷蛾等，简称“白小”。

分布与寄主

分布　全国各产区。

寄主　山楂、樱桃、苹果、梨、桃、李、杏等果树。

危害特点　低龄幼虫咬食幼芽、嫩叶，并吐丝把叶片缀连成卷，在卷叶内危害；后期幼虫则从萼洼或梗洼处蛀入果心危害，蛀孔外堆积虫粪，粪中常有蛹壳，用丝连结不易脱落。

形态诊断　成虫：体长6.5毫米，翅展约15毫米，体灰白色；头胸部暗褐色，前翅中部灰白色、端部灰褐色。前缘近顶角处有4或5条黑色棒纹，后缘近臀角处有一暗紫色斑。卵：扁椭圆形，初白色渐变为暗紫色。幼虫：体长10～12毫米，体红褐色，头浅褐色，前胸盾、臀板、胸足黑褐色。蛹：长8毫米，黄褐色。

发生规律　辽宁、山东、河北1年发生2代，以低龄幼虫在干、枝粗皮缝内结茧越冬。翌年山楂萌动后，幼虫取食嫩芽、幼叶，吐丝缀叶成卷，居中危害，幼虫老熟后在卷叶内结茧化蛹，越冬代成虫于6月上旬至7月中旬羽化，早期成虫产卵在桃和樱桃叶背，后期卵产在山楂、苹果等果实上。幼虫孵化后多自萼洼或梗洼处蛀入。老熟后在被害处化蛹、羽化。第一代成虫于7月中旬至9月中旬发生，仍产卵果实上，幼虫危害一段时间脱果潜伏越冬。

防治方法

农业防治　①冬春季，用硬刷子刮除老树皮、翘皮，集中烧毁或深埋。②春夏季，及时剪除山楂树被蛀梢端萎蔫而未变枯的树梢及时处理。③幼虫脱果越冬前，树干束草诱集幼虫越冬，于翌年春出蛰前取下束草烧毁。

化学防治　在卵临近孵化时，喷洒2.5%溴氰菊酯乳油或20%氰戊菊酯乳油3000倍液、10%氯氰菊酯乳油或20%中西除虫菊酯乳油2000倍液、50%辛硫磷乳油1000倍液或20%氟啶脲可湿性粉剂2000～2500倍液、5%氟苯脲乳油1500～2000倍液、10%联苯菊酯乳油2000倍液等。

32　白星花金龟（图2-32-1至图2-32-4）

属鞘翅目花金龟科。又名白纹铜花金龟、白星花潜、白星金龟子、铜克螂。

分布与寄主

分布　全国各产区。

寄主　柿、桃、杏、苹果、李、柑橘等果树。

危害特点　成虫主危害花和果实，食花致花腐烂，果实近成熟时昼夜啃食果实，致果肉腐烂。幼虫俗称“蛴螬”，危害果树根系。

形态诊断　成虫：体长17～24毫米，宽9～12毫米，椭圆形，具古铜或青铜色光泽，体表散布众多不规则白绒斑；触角深褐色；前胸背板具不规则白绒斑；前胸背板后角与鞘翅前缘角之间有一个三角片甚显著；鞘翅宽大，近长方形，白绒斑多为横向波浪形；臀板短宽，每侧有3个白绒斑呈三角形排列。

发生规律　1年发生1代，以幼虫于土中越冬。成虫于5月上旬出现，6～7月为发生盛期，白天活动，有假死性，对酒醋味有趋性，飞翔力强，常群聚危害花、果，产卵于土中。幼虫多以腐败物为食，并危害根系。天敌有多种鸟类、深山虎甲、粗尾拟地甲、寄生蜂、寄蝇、寄生菌等。

防治方法　此虫虫源来自多方，应以消灭成虫为主。

农业防治　果园施用腐熟有机肥，减少幼虫的发生。

生物防治　早、晚张单震落成虫；保护利用天敌；在距地面1～1.5米高的树枝上挂细口瓶，瓶里放入2～3个白星花金龟，引诱田间白星花金龟飞到瓶口附近爬行，并掉入瓶中，每亩挂瓶40～50个捕杀效果优异。

化学防治　成虫发生期树上喷洒52.25%蜱·氯乳油或50%杀螟硫磷乳油、45%马拉硫磷乳油1500倍液或48%哒嗪硫磷乳油1200倍液、20%甲氰菊酯乳油2000倍液。

33　大青叶蝉（图2-33-1至图2-33-5）

属鞘翅目象甲科。又名青叶跳蝉、青叶蝉、大绿浮尘子、桑浮尘子。

分布与寄主

分布　全国各产区。

寄主　柿、核桃、苹果、桃、葡萄、枣、板栗、樱桃、山楂、柑橘、李等果树。

危害特点　以成虫和若虫刺吸芽、叶汁液，致叶褪色、畸形、卷缩甚至枯死，并可传播病毒病。

形态诊断　成虫：体长7～10毫米，雄较雌略小，青绿色；头橙黄色，左右各具一小黑斑，眼红色；前翅革质绿色微带青蓝，端部色淡近半透明；前翅反面、后翅和腹背均黑色，腹部两侧和腹面橙黄色。卵：长卵圆形，长约1.6毫米，乳白至黄白色。若虫：与成虫相似，共5龄，初龄灰白色；2龄淡灰微带黄绿色；3龄灰黄绿色，胸腹背面有4条褐色纵纹，出现翅芽；4、5龄同3龄，老熟时体长6~8毫米。

发生规律　北方1年发生3代，以卵在树木枝条表皮下越冬。4月孵化，于杂草、农作物及花卉上危害，若虫期30~50天。各代发生期大体为：第一代4月上旬至7月上旬，成虫5月下旬出现；第二代6月上旬至8月中旬，成虫7月出现；第三代7月中旬至11月中旬，成虫9月出现。世代重叠严重。成虫夏季趋光性强，晚秋不明显。产卵于茎秆、叶柄、主脉、枝条等组织内，每处产卵6~12粒，排列整齐，表皮成肾形凸起。非越冬卵期9~15天，越冬卵期5个月以上。春季主要危害花卉及杂草等植物，9、10月则集中于秋季花卉及其他植物上危害，10月中下旬第三代成虫陆续转移到果树、木本花卉和林木上危害并产卵于枝条内，直至秋后，以卵越冬。

防治方法

农业防治　彻底清除园内外杂草，减少叶蝉生活场所；发现产卵虫枝及时剪除销毁；夏季灯光诱杀第二代成虫，减少第三代的发生。

化学防治　成虫、若虫危害期，喷洒90%晶体敌百虫1000倍液或2.5%溴氰菊酯乳油2000~3000倍液、10%吡虫啉可湿性粉剂3000倍液、52.25%蜱·氯乳油1500倍液、2%异丙威粉剂每亩2千克等。

34　短额负蝗（图2-34-1，图2-34-2）

直翅目蝗总科尖蝗科。又名中华负蝗、尖头蚱蜢、小尖头蚱蜢。

分布与寄主

分布　甘肃、青海、辽宁、河北、安徽、山西、内蒙古、陕西、山东、江苏、浙江、湖北、湖南、福建、广东、广西、四川、重庆、河南、北京、江西等地。

寄主　李、草莓、石榴、柿、柑橘、枸杞等多种植物。

危害特点　若虫、成虫初时在叶正面剥食叶肉，留下表皮，继而把叶片吃成孔洞或缺刻似破布状。对李、幼树嫩芽、叶危害重。

形态诊断　成虫：体长20~30毫米，头至翅端长30~48毫米。绿色或褐色（冬型）。头尖削，绿色型自复眼向下斜有一条粉红纹，与前、中胸背板两侧下缘的粉红纹衔接。体表有浅黄色瘤状突起；后翅基部红色，端部淡绿色；前翅长度超过后足腿节端部约1/3。卵：长2.9~3.8毫米，长椭圆形，中间稍凹陷，一端较粗钝，黄褐至深黄色，卵壳表面呈鱼鳞状花纹。卵粒在卵块内倾斜排列成3~5行，并有胶丝裹成卵囊。若虫：共5龄，1龄若虫草绿稍带黄色，2龄后体色逐渐变绿，出现翅芽，至5龄翅芽增大到盖住腹部第三节或稍超过，形似成虫。

发生规律　华北1年发生1代，江西2代，以卵在沟边土中越冬。5月下旬至6月中旬为孵化盛期，7~8月羽化为若虫。喜栖于植被多、湿度大、双子叶植物茂密的环境，尤在灌渠两侧发生多。

防治方法

农业防治　在春、秋季深中耕园地及周边田埂、地边，把卵块暴露在地面晒干或冻死。

生物防治 保护利用麻雀、青蛙、大寄生蝇等天敌防治。

化学防治 在早春和7月份卵块孵化前或在测报基础上，抓住初孵蝗蝻在田埂、渠堰集中危害双子叶杂草，且扩散能力极弱时，喷洒50%马拉硫磷乳油1000倍液、20%氰戊菊酯乳油2000倍液。

35 二斑叶螨（图2-35-1，图2-35-2）

属真螨目叶螨科。又名白蜘蛛、二点叶螨、棉叶螨、棉红蜘蛛。

分布与寄主

分布 全国各地。

寄主 桃、李、杏、樱桃等200余种果树、蔬菜和农作物。

危害特点 以成虫、若螨在叶背吸食叶片汁液。被害叶片初期仅在中脉附近出现失绿斑点，后叶面结橘黄色至白色丝网，危害重时叶焦枯，状似火烧状，甚至叶脱落。

形态诊断 雌成螨：椭圆形，长约0.5毫米，灰绿色或黄绿色；体背面两侧各有1个褐色斑块，斑块外侧呈不明显的3裂；越冬型雌成螨体为橙黄色，褐斑消失；雄成螨身体呈菱形，长约0.3毫米，黄绿色或淡黄色。卵：圆球形，直径约0.1毫米，白色至淡黄色，孵化前出现2个红色眼点。幼螨：近球形，黄白色，复眼红色，足3对。若螨：椭圆形，黄绿色，体背显现褐斑，足4对。

发生规律 1年发生10余代。以雌成螨在树干翘皮下、粗皮缝隙中、杂草、落叶中及土缝内越冬。春季当日平均气温上升到10℃时，越冬雌成螨出蛰，先在花芽上取食危害，产卵于叶片背面，幼螨孵化后即可刺吸叶片汁液。在6月份以前，害螨在树冠内膛危害和繁殖。在树下越冬的雌螨出蛰后先在杂草或果树根蘖上危害繁殖，6月后向树上转移。7月害螨逐渐向树冠外围扩散，繁殖速度加快。成螨吐丝结网，并产卵其上，也借此进行传播。害螨在夏季高温季节繁殖速度快，各虫态世代重叠。10月雌成螨越冬。天敌有中华草蛉、小花蝽、异色瓢虫、深点食螨瓢虫等。

防治方法

农业防治 及时清除果园杂草，深埋或烧毁，消灭草上的叶螨。

生物防治 在果园种植紫花苜蓿或三叶草，吸引害螨的天敌繁殖生活，可有效控制害螨发生。

化学防治 在害螨发生期，选用10%浏阳霉素乳油1000倍液或1.8%阿维菌素乳油4000倍液、5%唑螨酯乳油2500倍液、15%哒螨灵乳油2000倍液、25%苯丁锡可湿性粉剂1500倍液喷雾。喷药要均匀周到，以叶片背面为主。

36 古毒蛾（图2-36-1至图2-36-4）

属鳞翅目毒蛾科。又名褐纹毒蛾、桦纹毒蛾、落叶松毒蛾、缨尾毛虫等。

分布与寄主

分布　山西、河北、山东、河南、内蒙古、辽宁、吉林、黑龙江、西藏、甘肃、宁夏等地及周边产区。

寄主　梨、山楂、苹果、枣、李、榛、杨、柳、月季、松等多种果树、林木和花卉。

危害特点　初孵幼虫群集叶片背面取食叶肉，残留上表皮；2龄后开始分散活动，从芽基部蛀食成孔洞，致芽枯死；嫩叶常被食光，仅留叶柄；叶片被取食成缺刻和孔洞，严重时只留粗脉；果实常被吃成不规则的凹斑和孔洞，幼果被害常脱落。

形态诊断　成虫：雌雄异型；雌体长10~22毫米，翅退化，体略呈椭圆形，灰色到黄色，有深灰色短毛和黄白色绒毛，头很小，复眼灰色。雄体长8~12毫米，体灰褐色，前翅黄褐色到红褐色。卵：近球形，初白色渐变为灰黄色。幼虫：体长33~40毫米，头部灰色到黑色，有细毛；体黑灰色，有黄色和黑色毛，前胸两侧各有1束黑色羽状长毛；腹部背面中央有黄灰到深褐色刷状短毛。

发生规律　1年发生2代。以卵在树干、枝杈或树皮缝内雌虫结的薄茧上越冬。4月上中旬寄主发芽时开始活动危害，5月中旬开始化蛹，蛹期15天左右，6月中旬羽化；6月下旬是第一代幼虫的危害盛期，第一代成虫于7月中旬羽化；第二代卵于7月上旬至下旬孵化，第二代幼虫的危害盛期出现在8月中旬，成虫于8月上旬至8月末9月初羽化，以卵在树枝杈或树皮缝雌成虫羽化后的茧上越冬。1~2龄幼虫可吐丝下垂，借风传播到其他树木上，传播距离可达数十米远。幼虫老熟后，寻找适宜场所吐丝做薄茧化蛹。化蛹地点一般在树的枝杈或老树皮缝处。成虫白天羽化，雄蛾羽化盛期在先，羽化期短；雌蛾羽化盛期在后，羽化期长。雌成虫不活泼，除交尾在茧壳上爬行外一般不爬行，卵产在其羽化后的薄茧上面，块状，单层排列。雄成虫有趋光性。寄生性天敌有22种之多，主要有姬蜂、小茧蜂、细蜂、寄生蝇等。

防治方法

农业防治　冬春季节里，结合果园管理，摘除虫茧并杀灭卵块。利用雄虫的趋光性，在雄成虫羽化盛期，设置诱虫灯，诱杀雄成虫，减少与雌成虫交尾的个体，从而减少虫的发生量。

生物防治　保护利用天敌防治。

化学防治　药剂防治的重点是在发生较整齐的第一代幼虫，一般在发芽展叶期，寄主植物芽长2~3厘米时，全树喷布一次10%除虫脲悬浮剂1500倍液、5%氟虫脲乳油1500倍液、10%高效氯氰菊酯乳油2000倍液、2.5%溴氰菊酯乳油2000倍液、30%氰·马乳油2000倍液、25%灭幼脲悬浮剂1000倍液、98%杀螟丹可溶性粉剂3000倍液、20%甲氰菊酯乳油3000倍液、2.5%三氟氯氰菊酯水乳剂2500倍液等，以上药剂间隔2周时间再续喷1次。花后如发现第二代幼虫可酌情喷第三次药。

37 褐刺蛾（图2-37-1至图2-37-6）

鳞翅目刺蛾科。又名桑褐刺蛾、桑刺毛虫。

分布与寄主

分布　除东北、西北少数地区外，全国各产区都有分布。

寄主　桃、梨、柿、栗、葡萄、李、茶、桑、柑橘、白杨等。

危害特点　初孵幼虫取食叶肉，仅残留透明的表皮，随虫龄增大食叶仅残留叶脉。

形态诊断　成虫：体长1.5~1.8厘米，翅展3.1~3.9厘米，身体土褐至灰褐色。前翅前缘近2/3处至近肩角和近臀角处，各具一暗褐色弧形横线，两线内侧衬影状带，外横线较垂直，外衬铜斑不清晰，仅在臀角呈梯形；雌蛾体上斑纹较雄蛾浅。卵：扁椭圆形，黄色，半透明。幼虫：成龄体长3.5厘米左右，黄色，背线天蓝色，各节在背线前后各具1对黑点，亚背线各节具1对突起，其中后胸及第一、五、八、九腹节突起最大。茧：灰褐色，椭圆形。

发生规律　1年发生2~4代，以老熟幼虫在树干附近土中结茧越冬。3代区成虫分别在5月下旬、7月下旬、9月上旬出现，成虫夜间活动，有趋光性，卵多成块产在叶背，每雌产卵300多粒，幼虫孵化后在叶背群集并取食叶肉，半月后分散为害，取食叶片。老熟后入土结茧化蛹。

防治方法

农业防治　①处理幼虫危害叶和灭茧。多种刺蛾如丽绿刺蛾、黄刺蛾等的幼龄幼虫多群集取食，被害叶显现白色或半透明的表皮，很容易发现。此时斑块附近常栖有大量幼虫，及时摘除带虫枝、叶，加以处理，效果明显。褐刺蛾、丽绿刺蛾等的老熟幼虫常沿树干下行至树基部或地面结茧，可采取树干绑草等方法诱其结茧及时予以清除。②清除越冬虫茧。刺蛾越冬茧期长达7个月以上，此期果园作业较空闲，可根据不同刺蛾越冬场所之异同采用敲、挖、剪除等方法清除虫茧。

物理防治　利用刺蛾成虫具有较强趋光性，在成虫羽化期于19：00~21：00用灯光诱杀。

生物防治　利用刺蛾天敌防治，如刺蛾紫姬蜂、广肩小蜂、上海青蜂、爪哇刺蛾姬蜂、健壮刺蛾寄蝇等。

化学防治　在刺蛾低龄幼虫期防治效果好，有效药剂有90%晶体敌百虫1500倍液、50%马拉硫磷乳油2000倍液、2.5%溴氰菊酯乳油3000倍液、20%氰戊菊酯乳油3000倍液、50%杀螟硫磷乳油、40%辛硫磷乳油1500~2000倍液、25%甲萘威可湿性粉剂700倍液等叶面喷洒防治。

38 黑额光叶甲（图2-38-1至图2-38-3）

属鞘翅目肖叶甲科。

分布与寄主

分布　全国各产区。

寄主　枣、板栗、李、花椒等果树。

危害特点　以成虫食害嫩芽和叶片成孔洞或缺刻，重时可将生长点吃光，影响树冠生长。

症形诊断　成虫：体长6.5~7毫米，宽3毫米，长方形至长卵圆形，头漆黑；前胸红褐色或黄褐色，光亮，有的生黑斑；三角形小盾片、鞘翅黄褐至红褐色，鞘翅基部、中后部各具黑色宽横带1条；触角细短，基部4节黄褐色，其余黑色；雄虫腹面红褐色，雌虫腹面大部分呈黑色；本种背面黑斑、腹部颜色差异大；足基节、转节黄褐色，其余为黑色；头部在两复眼间横向下凹，头顶高凸；鞘翅刻点稀疏，呈不规则排列。

发生规律　不详。

防治方法

农业防治　利用成虫假死性，震落捕杀。

化学防治　成虫发生期叶面喷洒40%毒死蜱乳油1000倍液或20%哒嗪硫磷乳油800~1000倍液、2.5%溴氰菊酯乳油3000倍液、10%氯氰菊酯乳油2000~3000倍液、20%氰戊菊酯乳油2000倍液等。

39 黑绒金龟（图2-39-1至图2-39-3）

属鞘翅目金龟科。又名东方金龟子、天鹅绒金龟子、姬天鹅绒金龟子、黑绒鳃金龟。

分布与寄主

分布　除西藏未见报道外，其他各产区均有分布。

寄主　李、山楂、桃、杨、苹果等近150种植物。

危害特点　成虫食害寄主的嫩叶、芽及花；幼虫危害地下根系。

形态诊断　成虫：体长7~8毫米，宽4.5~5毫米；雄虫略小于雌虫，体卵圆形，前狭后宽；体褐色至黑色；体表具丝绒般光泽，故称天鹅绒金龟子；触角鳃叶状；前胸背板宽为长的2倍。卵：椭圆形，长1.2毫米，乳白色。幼虫：体长14~16毫米，头部黄褐色，体黄白色。蛹：长8毫米，黄褐色。

发生规律　1年发生1代，以成虫在土中越冬。4月中下旬出土，5月初6月上旬为发生盛期。成虫夜间和上午潜伏在地势高燥的草荒地中，下午出土，群集危害，喜食寄主的幼嫩部分。有趋光性和假死性，飞翔力较强。6月为产卵盛期，卵散产于植物根际10~20厘米深的表土层中。卵期5~10天，6月中旬幼虫孵化食害根系。8月中下旬老熟幼虫潜入地下20~30厘米处作土室化蛹，并在其中羽化越冬。

防治方法

农业防治 冬春季深翻园地，利用低温和鸟食消灭地下越冬成虫。成虫发生期，利用其假死性，震落扑杀成虫。

物理防治 用黑光灯诱杀成虫。

化学防治 用10%辛硫磷颗粒剂处理土壤，杀灭土壤中的幼虫。在成虫发生期于16：00后，叶面喷洒10%氯氰菊酯乳油2000倍液或2.5%溴氰菊酯乳油2500~3000倍液、5%顺式氰戊菊酯乳油2000~4000倍液、2%杀螟硫磷可湿性粉剂或5%氟啶脲乳油1000~1200倍液等。

40 黄钩蛱蝶（图2-40-1至图2-40-4）

鳞翅目蛱蝶科。又名黄蛱蝶、金钩角蛱蝶。

分布与寄主

分布 国内除西藏未见记载外，其余各地均有分布。

寄主 柿、桃、杏、李、梨、苹果、葡萄、无花果、柑橘等果树及大麻科的大麻、亚麻科的亚麻、蔷薇科的地榆属植物等。

危害特点 初孵幼虫啃食卵壳，但一般不吃光，仍残留卵壳底部黏附在寄主体上，然后取食叶片。成虫刺吸果实汁液，特别喜食成熟的果实。

形态诊断 成虫：体长18毫米左右，翅展45~61毫米，为中型蝶类。翅缘凹凸分明，前翅2脉和后翅4脉末端突出部分尖锐（秋型更加明显）；前翅前缘暗色，外缘有黑褐色波状带，反翅外缘和亚缘各有一黑褐色波状带（秋型色淡些）；前翅中室内有黑褐色斑，有时外边两斑相连。中室端有一长形黑褐色斑，中室与顶角间有一道矩形黑褐斑，中室外有4个排成品字形黑褐斑，其中后缘外侧斑纹内有一些青色鳞。后翅基半部中外侧1~3个黑褐斑内有一些青色鳞。夏型翅面黄褐色，秋型翅面红褐色。后翅背面中央有银白色L纹。夏型黄色，由褐色波状细线组成斑纹；秋型雄蝶黄褐色，有深褐色斑纹，雌蝶黑褐色，亦有深色相同斑纹。卵：瓜形，初绿色，孵化前变黑，孵化后卵壳成白色，直径约0.75毫米，孵化孔一般在顶部。上有浅绿色脊9~11条，纵脊高度较均匀。蛹：长约20毫米，最宽处6毫米左右，体色土褐色，顶部有2个尖突，侧部两突起不尖锐成钝角，胸背有一纵向大尖突，有的个体无。腹背各节均有两尖突排成两列，仅第1对尖突和后胸背面有2块银斑闪光。触角褐白相间，横纹明显。幼虫：老熟幼虫体长35毫米左右，头、足漆黑色，有光泽。头上两短枝刺与体上枝刺均为深黄色，但也有的个体胸侧部枝刺黑色；胸足爪深黄色；体暗褐色，各节有乳白色细横纹十分明显；前胸背部有一横列白毛；体上枝刺数目为：中、后胸每节4枚、前8腹节各7枚，后2腹节各2枚。

发生规律 食性杂，发生危害期5～10月，成虫6～10月出现，成虫食害果实，幼虫食害叶。

防治方法

生物防治 用含100亿孢子/毫升 Bt 乳剂500～800倍液或用含100亿活芽胞悬浮剂苏云金杆菌600倍液叶面喷洒，低龄幼虫期防治效果好。

用昆虫生长调节剂类药防治 可采用25%灭幼脲胶悬剂500～1000倍液或5%氟啶脲乳油1000～1500倍液等防治，此类药剂作用较慢，通常在虫龄变更时才使害虫致死，应提早喷洒。这类药剂常采用胶悬剂的剂型，喷洒后耐雨水冲刷，药效可维持15天以上。

化学防治 幼虫发生季节及时喷药，以低龄幼虫期防治效果好，可选用：50%辛硫磷乳油1000倍液、40%二嗪磷乳油1000倍液、2%氟丙菊酯乳油800～1000倍液、25%仲丁威乳油1000倍液等叶面喷洒。

41 黄褐天幕毛虫（图2-41-1至图2-41-6）

属鳞翅目枯叶蛾科。又名梅毛虫、天幕枯叶蛾、天幕毛虫、带枯叶蛾。

分布与寄主

分布 全国各产区。

寄主 苹果、山楂、樱桃、桃、杏、梨、梅、李等果树。

危害特点 刚孵化幼虫群集于一枝，吐丝结成网幕，食害嫩芽、叶片，随生长渐下移至粗枝上结网巢，白天群栖巢上，夜出取食，严重时将全树叶片吃光。

形态诊断 成虫：雌体长18～22毫米，翅展37～43毫米，黄褐色；触角栉齿状；前翅中部有一条赤褐色宽横带，其两侧有淡黄色细线；雄体略小，触角双栉齿状，前翅中部有2条深褐色横线，两线间色稍深。卵：圆筒形，灰白色，200～300粒卵环结于小枝上黏结成一圈呈“顶针”状。幼虫：体长50～55毫米，头蓝色，有两个黑斑，体上有十多条黄、蓝、白、黑相间的条纹。蛹：椭圆形，体上有淡褐色短毛。茧：黄白色，表面附有灰黄粉。

发生规律 1年发生1代，以幼虫在卵壳中越冬，翌年树芽膨大，日均温达11℃时幼虫钻出，先在卵附近的芽及嫩叶上危害，后转到枝杈上吐丝结网成天幕，于夜间出来取食。4龄后分散全树，暴食叶片。幼虫期45天左右，成虫有趋光性。成虫产卵于小枝上。天敌主要有赤眼蜂、姬蜂、绒茧蜂等。

防治方法

农业防治 冬春季彻底剪除枝梢上越冬卵块。幼虫发生期发现幼虫群集天幕及时消灭。

生物防治　为保护卵寄生蜂，将卵块放天敌保护器中，使卵寄生蜂羽化飞回果园。

化学防治　幼虫初孵期施药是关键，可喷洒52. 25%蜱·氯乳油2000倍液、50%杀螟硫磷乳油或50%马拉硫磷乳油1000倍液、2. 5%氯氟氰菊酯乳油或2. 5%溴氰菊酯乳油3000倍液、10%联苯菊酯乳油4000倍液等。

42 角斑古毒蛾（图2-42-1至图2-42-4）

属鳞翅目毒蛾科。又名核桃古毒蛾、赤纹夜蛾、杨白纹夜蛾、梨叶毒蛾、囊尾毒蛾。

分布与寄主

分布　黄淮、华北、西北产区。

寄主　柿、核桃、苹果、梨、桃、樱桃、山楂、杏、李等果树。

危害特点　以幼虫、成虫食芽、叶和果实。初孵幼虫群集叶背取食叶肉，残留上表皮，稍大后分散取食。危害芽多从芽基部蛀食成孔洞，致芽枯死；食害嫩叶，仅残留叶柄；成虫食叶成缺刻和孔洞，重时仅留粗脉；食害果实表面成不规则的凹斑和孔洞，幼果被害多脱落。

形态诊断　成虫：雌雄异型，雌体长10~22毫米，翅退化仅残留痕迹，体略呈椭圆形，灰至灰黄色，密被深灰色短毛和黄、白色绒毛；头很小，触角丝状；足灰色有白毛。雄体长8~12毫米，翅展25~36毫米，体灰褐色，触角短羽毛状；前翅黄褐至红褐色，翅基前半部有白鳞，后半部赭褐色，具波浪形白色细线，近前缘有一赭黄色斑，后缘有一新月形白斑，缘毛暗褐色；后翅栗褐色，缘毛黄灰色。卵：近球形，直径0. 8~0. 9毫米，初白色渐变灰黄色。幼虫：体长33~40毫米，头部灰至黑色，上生细毛；体黑灰色，被黄色和黑色毛，亚背线上生有白色短毛；前胸两侧各有1束向前伸的由黑色羽状毛组成的长毛；第一至四腹节背面中央各有1簇黄灰至深褐色刷状短毛；第八腹节背面有1束向后斜伸的黑长毛。蛹：长8~20毫米，雌灰色，雄黑褐色。茧：纺缍形，丝质较薄。

发生规律　东北1年发生1代，黄淮地区2代。均以幼虫于树皮缝中及干基部附近的落叶等覆盖物下越冬。1代区，越冬幼虫5月间出蛰危害，6月底老熟吐丝缀叶或于枝杈及皮缝等处结茧化蛹。蛹期6~8天。7月上旬羽化，雄蛾白天飞到于茧上栖息的雌蛾上交配。卵多块产于茧的表面，上覆雌蛾鳞毛。卵期14~20天，孵化后分散危害至越冬。2代区，4月上中旬寄主发芽时出蛰危害，5月中旬化蛹，蛹期15天左右，越冬代成虫6~7月羽化产卵，卵期10~13天。第一代幼虫6月下旬发生，第一代成虫8月中旬至9月中旬发生。第二代幼虫8月下旬发生，危害至9月中旬前后潜入越冬场所越冬，天敌有赤眼蜂、姬蜂、小茧蜂、细蜂、寄生蝇等20多种。

防治方法

农业防治 9月前树干上束草诱幼虫栖息，入冬后解草烧掉。冬春季彻底清除园内枯枝落叶，用硬刷子刮刷老树皮、堵塞树洞等，消灭越冬幼虫。

生物防治 保护利用天敌。在成虫产卵期，每间隔7天左右，释放松毛虫赤眼蜂1次，连续3次，每株树每次释放3000~5000头，防治效果好。

化学防治 于卵孵化盛期和低龄幼虫期，喷洒90%晶体敌百虫800~1000倍液或50%杀螟硫磷乳油1000倍液、50%辛硫磷乳油1200倍液、50%马拉硫磷乳油1500倍液、5%氯氰菊酯乳油3000倍液、10%溴氰菊酯乳油3500~4000倍液、25%灭幼脲胶悬剂1200倍液等。

43 康氏粉蚧（图2-43-1至图2-43-5）

属同翅目粉蚧科。又名梨粉蚧、李粉蚧、桑粉蚧。

分布与寄主

分布 全国各产区。

寄主 樱桃、柿、枣、石榴、苹果、梨、桃、柑橘、李等果树。

危害特点 成虫、若虫刺吸植物的幼芽、嫩枝、叶片、果实和根部的汁液；嫩枝和根部受害常肿胀且易纵裂而枯死；幼果受害多成畸形果。排泄物常引发煤污病的发生，影响光合作用。

形态诊断 成虫：雌体长3~5毫米，扁平椭圆形，体粉红色，表面被有白色蜡质物，体缘具有17对白色蜡丝，体前端的蜡丝较短，后端稍长，而最末一对特长，几乎与体长相等；雄成虫体长约1毫米，紫褐色，翅透明仅1对，翅展约2毫米，后翅退化成平衡棒。卵：椭圆形，长约0.3毫米，浅橙黄色。若虫：体扁平椭圆形，长约0.4毫米，淡黄色，外形似雌成虫。蛹：仅雄虫有蛹期，浅紫色。

发生规律 黄淮地区1年发生3代。以卵在树干、枝条粗皮缝隙或石缝土块中以及其他隐蔽场所越冬。翌年春果树发芽时，越冬卵孵化成若虫开始危害幼嫩部分。第一代若虫发生在5月中下旬，第二代若虫发生在7月中下旬，第三代在8月下旬。雌成虫在枝干粗皮裂缝内或果实萼筒柄洼等处产卵，有的将卵产在土内。在产卵时，雌成虫分泌大量似絮状蜡质卵囊，卵即产在卵囊内，数十粒集中成块。天敌有草蛉、瓢虫等。

防治方法

农业防治 在晚秋树干束草或绑扎破麻袋，诱雌成虫产卵，翌年春卵孵化之前将草束等物取下烧毁。冬春季刮树皮或用硬毛刷子刷除越冬卵，集中烧毁或深埋。

生物防治 有条件的地区可人工饲养和释放捕食性草蛉、瓢虫等天敌。

化学防治　早春喷施5%轻柴油乳剂或3～5波美度的石硫合剂；在各代若虫孵化期喷洒5%氟虫脲乳油1200倍液或90%晶体敌百虫1500倍液，50%杀螟硫磷乳油或10%醚菊酯乳油1000倍液。

44 枯叶夜蛾（图2-44-1至图2-44-3）

属鳞翅目夜蛾科。又名通草木夜蛾。

分布与寄主

分布　全国各产区。

寄主　桃、柿、杏、苹果、柑橘、李、通草等植物。

危害特点　成虫刺吸果汁，幼虫吐丝缀叶潜伏危害。

形态诊断　成虫：体长35～38毫米，翅展96～106毫米，头胸部棕褐色，腹部杏黄色，触角丝状；前翅色似枯叶，从顶角至后缘内凹处有一黑褐色斜线，翅脉上有许多黑褐小点，翅基部及中央有暗绿色圆纹；后翅杏黄色，中部有一肾形黑斑，亚端区有一牛角形黑纹。卵：扁球形，直径1毫米左右，乳白色。幼虫：体长57～71毫米，头部红褐色，体黄褐或灰褐色；第一、二腹节常弯曲，第八腹节隆起，将七至十腹节连成山峰状；第二、三腹节亚背面各有一眼形斑，中黑并具月牙形白纹，各体节布有许多不规则白纹。蛹：长31～32毫米，红褐至黑褐色。

发生规律　1年发生2～3代，多以成虫越冬，温暖地区有以卵和中龄幼虫越冬的，发生期重叠。成虫多在7～8月危害，昼伏夜出，有趋光性，喜食香甜味浓的果实，7月前危害桃、杏等早中熟果实，后转危害柿、苹果、梨、葡萄等。成虫寿命较长，卵产于叶背；幼虫吐丝缀叶潜伏危害，老熟后缀叶结薄茧化蛹。

防治方法

农业防治　果实套袋防虫；在果园四周挂有香味的烂果诱集，晚22：00后去捕杀成虫。

物理防治　设置高压汞灯，诱杀成虫。

化学防治　①防治成虫。用果醋或酒糟液加红糖适量配成糖醋液加0.1%晶体敌百虫几滴诱杀成虫；或用早熟的去皮果实扎孔浸泡在50倍敌百虫液中，一天后取出晾干，再放入蜂蜜水中浸泡半天，晚上挂在果园里诱杀取食成虫。②防治幼虫。在卵孵化盛期或低龄幼虫期喷洒5%顺式氰戊菊酯乳油或20%甲氰菊酯乳油2000倍液、50%杀螟硫磷乳油1000倍液、25%灭幼脲乳油1200倍液等。

45 梨尺蠖（图2-45-1，图2-45-2）

属同翅目尺蠖科。又名梨步曲。

分布与寄主

分布 河北、河南、山东、山西、安徽等产区。

寄主 梨、苹果、山楂、海棠、杏、李、杨等。

危害特点 幼虫食害梨花、嫩叶成缺刻或孔洞，重时吃光花、叶。

形态诊断 成虫雌雄异形。雄成虫：有翅，全身灰色或灰褐色，体长12~14毫米，翅展32~35毫米；触角羽毛状；前翅灰褐色，有3条黑褐色斜横线；后翅灰褐色。雌成虫：无翅，体长11~14毫米，深灰色；触角丝状。卵：椭圆形，长1~1.3毫米，表面光滑，初期为乳白色，后期变为黄褐色。幼虫：体色因食物不同有绿色、褐色等。初孵幼虫绿色或灰褐色；老熟幼虫体长28~30毫米，头部黑色或黑褐色，胸、腹部深灰色，有比较规则的线状黑灰色条纹；胸足3对，褐色至红褐色；腹足2对，深褐色，分别着生在腹部第六和第十节上；幼虫爬行时呈弓腰状。蛹：体长12~15毫米，红褐色，头部圆钝。

发生规律 1年发生1代，以蛹在土中越冬。河北第二年早春2、3月越冬蛹羽化为成虫后沿幼虫入土穴道爬出土面，白天潜伏在杂草间或树冠中。雌蛾只能爬到树上，等待雄蛾飞来交尾，把卵产在树干阳面缝中或枝干交叉处，少数产于地面土块上。每雌产卵300余粒。卵期10~15天，幼虫孵化后分散危害幼芽、幼果及叶片，幼虫期36~43天，幼虫遇惊扰吐丝下垂。5月上旬幼虫老熟开始下树，多在树干四周入土9~12厘米，个别深达21厘米，先作土茧化蛹，以蛹越夏和越冬，蛹期9个多月。

防治方法

农业防治 ①冬春季耕翻果园，利用冻害或鸟食灭蛹。②成虫发生期，在梨树冠下铺塑料薄膜并用土压实，阻止成虫出土；或在树干基部堆50厘米高上尖下大的土堆，拍实打光，阻止雌蛾上树；或者在树干基部绑宽约10厘米的塑料薄膜，于薄膜上涂黄油或废机油，阻止雌成虫上树交尾。③幼虫发生期震树捕杀幼虫。

物理防治 黑光灯诱杀雄成虫。

化学防治 ①地面施药。成虫出土前在树干周围喷洒90%晶体敌百虫800~1000倍液或撒布40%辛硫磷颗粒剂，施药后轻锄地面混匀药土，毒杀出土成虫。②叶面喷药。掌握在幼虫3龄前防治效果好。可选用90%敌百虫晶体1000倍液、50%辛硫磷乳油1000倍液、20%氰戊菊酯乳油2000倍液或50%杀螟硫磷乳油1000倍液或其他菊酯类药剂喷雾。

46 梨蝽（图2-46-1，图2-46-2）

属半翅目异蝽科。又名梨椿象、花壮异蝽、臭大姐、臭板虫。

分布与寄主

分布 全国各产区。

寄主　梨、樱桃、杏、李、桃、苹果等果树。

危害特点　成虫、若虫刺吸枝梢和果实汁液。枝条被害后，生长缓慢，影响树势，严重时枯萎死亡。果实受害后生长畸形，硬化，不堪食用，失去商品价值。

形态诊断　成虫：体长10～13毫米，宽5毫米，扁平椭圆形，褐色至黄绿色；头淡黄色，中央有2条褐色纵纹；触角丝状5节；前胸背板、小盾片、前翅革质部分均有黑色细小刻点，前胸前缘有一黑色八字形纹；腹部两侧有黑白相间的斑纹，常露于翅缘外面，腹面黑斑内侧有3个小黑点。若虫：形似成虫，无翅，初孵化时黑色；前胸背板两侧有黑色斑纹；腹部棕黄色，各节均有黑色斑纹和小红点，背面中央有3条长方形黑色斑纹。卵：椭圆形，直径0.8毫米，淡黄绿色，常20～30粒排列在一起。

发生规律　山东1年发生1代，以2龄若虫在树干及主侧枝的翘皮下、裂缝中越冬。翌春果树发芽时开始活动危害。6月上中旬羽化为成虫，危害枝条和果实。成虫寿命3～4个月，8月下旬至9月上旬产卵。卵成堆产在枝干粗皮裂缝间和枝干分杈处。卵期10天左右。若虫寻觅适当场所越冬。

防治方法

农业防治　冬春季刮除树干和主枝上的老翘皮，消灭越冬若虫；成虫产卵期，在果园巡回检查，发现卵块及时除去。

化学防治　春季果树发芽期是越冬若虫出蛰期，也是喷药防治的最佳期。要及时喷洒48%毒死蜱乳油或20%氰戊菊酯乳油2000倍液，50%杀螟硫磷乳油1000倍液、25%灭幼脲悬浮剂1500～2000倍液等。

47　梨刺蛾（图2-47-1至图2-47-3）

属鳞翅目刺蛾科。又名梨娜刺蛾。

分布与寄主

分布　全国各产区。

寄主　梨、苹果、桃、李、杏、樱桃、枣、核桃、柿、杨树等90多种植物。

危害特点　幼虫啃食芽和叶片，将其啃吃成很多孔洞、缺刻或仅留叶柄、主脉，严重影响树势和果实产量。

形态诊断　成虫：体长14～16毫米，翅展29～36毫米，黄褐色；雌虫触角丝状，雄虫触角羽毛状；胸部背面有黄褐色鳞毛；前翅黄褐色至暗褐色，外缘为深褐色宽带，前缘有近似三角形的褐斑；后翅褐色至棕褐色；缘毛黄褐色。卵：扁圆形，白色，数十粒至百余粒排列成块状。幼虫：老熟幼虫体长22～25毫米，暗绿色；各体节有4个横列小瘤状突起，其上生刺毛。其中前胸、中胸和第六、第七腹节背面的瘤突较大且刺毛较长，形成枝刺，伸向两侧，黄褐色。蛹：黄褐色，体长约12毫米。

发生规律 1年发生1代，以老熟幼虫在土中结茧，以前蛹越冬，翌春化蛹，7~8月份出现成虫；成虫昼伏夜出，有趋光性，产卵于叶片上。幼虫孵化后取食叶片，发生盛期在8~9月份。幼虫老熟后从树上爬下，入土结茧越冬。在正常管理的果园，梨刺蛾的发生数量一般不大，在管理粗放的梨园，有时发生较多。

防治方法

农业防治 ①结合整枝、修剪、除草和冬季清园、松土等，清除枝干上、杂草中的越冬虫体，破坏地下的蛹茧，以减少越冬虫源。②幼虫群集危害期进行人工捕杀。

物理防治 利用成蛾趋光习性，结合防治其他害虫，在6~8月成虫发生盛期，设诱虫灯、糖醋液盆等诱杀成虫。

生物防治 秋冬季摘虫茧，放入纱笼，保护和引放寄生蜂；用每克含孢子100亿的白僵菌粉0.5~1千克，在雨湿条件下防治1~2龄幼虫。

化学防治 幼虫孵化盛期及时喷洒90%晶体敌百虫或50%马拉硫磷乳油、25%亚胺硫磷乳油、50%杀螟硫磷乳油、30%乙酰甲胺磷乳油等900~1000倍液；还可选用50%辛硫磷乳油1400倍液或10%联苯菊酯乳油5000倍液、2.5%鱼藤酮300~400倍液、52.25%蜱·氯乳油1500~2000倍液等。

48 梨剑纹夜蛾（图2-48-1至图2-48-3）

属鳞翅目夜蛾科。又名梨叶夜蛾。

分布与寄主

分布 全国各产区。

寄主 梨、桃、杏、李、苹果、梅、山楂等果树。

危害特点 幼虫将叶片吃成孔洞、缺刻，重者将叶脉吃掉，仅留叶柄。

形态诊断 成虫：体长14~17毫米，翅展32~46毫米；头、胸部棕灰色，腹部背面浅灰色带棕褐色；前翅暗棕色有白色斑纹，上有4条横线，基部2条色较深，外缘有1列黑斑，翅脉中室内有1个圆形斑，边缘色深；后翅棕黄色至暗褐色；触角丝状。卵：半球形，赤褐色。幼虫：体长约33毫米，头黑色，体褐色至暗褐色，具大理石样花纹，背面有1列黑斑，中央有橘红色点；各节毛瘤较大，簇生褐色长毛。蛹：体长约16毫米，黑褐色。

发生规律 1年发生2代，以蛹在土中越冬。5月下旬至6月上旬越冬代成虫羽化。6~7月幼虫发生危害，6月中旬即有幼虫老熟在叶片上吐丝结黄色薄茧化蛹；第一代成虫在6月下旬发生。8月上旬出现第二代成虫，第二代幼虫危害到9月中下旬，陆续老熟后入土结茧化蛹。成虫昼伏夜出，有趋光性和趋化性；产卵于叶背或芽上，卵呈块状排列，卵期7~10天；幼龄幼虫群集嫩叶取食，后分散危害。

防治方法

农业防治 冬春翻树盘，消灭越冬蛹。成虫发生期用糖醋液或黑光灯、高压汞灯诱杀成虫。

化学防治 防治适期是各代幼虫发生初期，可喷洒50%杀螟硫磷乳油或50%辛硫磷乳油1000~1500倍液、20%氰戊菊酯乳油2000倍液、10%联苯菊酯乳油4000~5000倍液、20%除虫脲悬浮剂1000倍液。

49 梨叶蜂（图2-49-1，图2-49-2）

属膜翅目叶蜂科。又名桃黏叶蜂。

分布与寄主

分布 河南、山东、山西、陕西、江苏、四川等地及周边产区。

寄主 梨、桃、李、杏、樱桃、山楂、柿等果树。

危害特点 以幼虫危害叶片，幼虫取食时多以胸、腹足抱持叶片，尾端常翘起。低龄幼虫食害叶肉，仅残留表皮，幼虫稍大后取食叶片呈不规则缺刻与孔洞，严重发生时将叶片吃得残缺不全，甚至仅残留叶脉，从而影响树体生长及树势。

形态诊断 成虫：体粗短，长10~13毫米，宽5毫米，黑色，有光泽；头部较大，触角丝状9节，上生细毛；复眼暗红色至黑色，单眼3个，在头顶呈三角形排列；前胸背板后缘向前凹入较深；雄虫胸部全黑色，雌虫胸部两侧和肩板黄褐色；翅宽大、透明，微带暗色，翅脉和翅痣黑色；足淡黑褐色，跗节5节，前足胫节具端距2个。雄虫腹部筒形，雌虫略呈竖扁，产卵器锯状。卵：绿色，略呈肾形，长1毫米左右，两端尖细。幼虫：体长10毫米，黄褐至绿色。头近半球形，每侧单眼1个，其上部有褐色圆斑；体光滑，胸部膨大，胸足发达，腹足6对，着生在第二至六腹节和第十腹节上；臀足较退化；初孵幼虫头部褐色，体淡黄绿色。单眼周围和口器黑色。

发生规律 1年发生代数不详。以末龄幼虫在土茧中越冬。河南、南京一带成虫于6月羽化出土，飞到树上交尾产卵，未经交尾的雌虫亦能产卵，且能孵化为幼虫。卵期10天左右，幼虫孵化后取食叶片。陕西8月上旬进入幼虫危害盛期。幼虫于9月上中旬老熟后下树入土结茧，在土层3厘米处越冬。

防治方法

农业防治 冬春季耕翻果园，使越冬茧暴露出地面或埋入深处，可杀灭越冬幼虫。

化学防治 6月成虫羽化出土时，地面用25%辛硫磷微胶囊剂300倍液或40%哒嗪硫磷乳油450倍液喷洒树盘地表，防治出土成虫。幼虫危害期，叶面喷洒90%晶体敌百虫或50%辛硫磷乳油1200~1300倍液防治或2%氟丙菊酯乳油1500~2000倍液或20%啶虫脲可湿性粉剂2000倍液等。

50 枯叶蛾（图2-50-1至图2-50-5）

属鳞翅目枯叶蛾科。又名枯叶蛾、苹叶大枯叶蛾、贴皮虫。

分布与寄主

分布　全国各产区。

寄主　核桃、桃、樱桃、李、梨、苹果等果树。

危害特点　幼虫食害嫩芽和叶片，食叶成孔洞或缺刻，重者吃光叶片仅留叶柄。

形态诊断　成虫：体长30～45毫米，翅展60～90毫米，雄较雌略小，全体赤褐至茶褐色，头中央有一条黑色纵纹；触角双栉齿状；前翅外缘和后缘略呈锯齿状，前缘色较深，翅上有3条波状黑褐色带蓝色荧光的横线，近中室端有一黑褐色斑点，缘毛蓝褐色；后翅短宽，外缘呈锯齿状，前缘橙黄色，翅上有2条蓝褐色波状横线，缘毛蓝褐色。卵：近圆形，直径1.5毫米，绿至绿褐色，带白色轮纹。幼虫：体长90～105毫米，暗褐至灰色，头黑色；各体节背面有2个红褐色斑纹；中后胸背面各有一明显的黑蓝色横毛丛；第八腹节背面有一角状小突起，上生刚毛；各体节生有毛瘤，上丛生黄和黑色长、短毛。蛹：长30～45毫米，黄褐至黑褐色。茧：长椭圆形，长50～60毫米，丝质，暗褐至暗灰色，茧上附有幼虫体毛。

发生规律　东北、华北1年发生1代，河南2代，均以低龄幼虫在干枝皮缝中越冬。翌春寄主发芽后出蛰食害嫩芽和叶片，白天静伏，夜晚取食，常将叶片吃光仅残留叶柄；老熟后多于枝条下侧结茧化蛹。1代区成虫6月下旬至7月发生。2代区成虫5月下旬至6月、8月中旬至9月发生。成虫昼伏夜出，有趋光性。卵常数粒或散产于枝条上。幼虫孵化后分散危害，1代区幼虫达2～3龄、体长20～30毫米时，便于枝干皮缝中越冬；2代区一代幼虫历期30～40天，结茧化蛹、羽化繁殖，第二代幼虫达2～3龄时进入越冬状态。幼虫体扁，体色与树皮相似故不易发现。

防治方法

农业防治　冬春季结合树体管理捕杀幼虫。

物理防治　利用黑光灯或高压汞灯诱杀成虫。

化学防治　卵孵化前后至幼虫3龄前为防治的关键期，叶面喷洒52.25%蜱·氯乳油2000倍液，25%喹硫磷乳油或50%杀螟硫磷乳油、50%马拉硫磷乳油1500倍液、50%辛·溴乳油或20%菊·马乳油2000倍液、2.5%三氟氯氰菊酯乳油或2.5%溴氰菊酯乳油3000倍液、10%联苯菊酯乳油4000倍液等。

51 李叶甲（图2-51-1）

鞘翅目肖叶甲科。又名云南松叶甲、云南松金花虫、山跳蚤。

分布与寄主

分布　全国各产区。

寄主　李、石榴、桃、杏、梨、苹果、梅、栗、蔷薇、云南松等。

危害特点　以成虫啃食石榴叶表皮和叶肉，将叶片咬成许多断续而又呈网状的孔洞，而叶缘部分又常不被咬断，致叶片卷曲枯黄。

形态诊断　成虫：雌成虫体长3~3.8毫米，雄虫体长2.5~3.0毫米。黑色，有金属光泽。椭圆形，头部隐于前胸背板之下。鞘翅末端钝圆，其上各有10条左右连成线状的刻点纵列。足的基节为黑棕色，其余部分为黄棕色。腿节膨大，呈纺锤形；后足发达。卵：长椭圆形，长0.5毫米，宽0.2毫米，淡黄色。幼虫：老熟幼虫体长4~6毫米，乳白色，体扁，腹部向腹面弯曲，呈新月形。头部黄褐色。上唇黄褐色，上颚棕褐色，下颚及下唇须黄褐色。前胸背板淡黄色；胸足3对，黄褐色；中胸至第八腹节每节上有8个瘤状小突起，生有淡黄色刚毛。蛹：体长3~4毫米，宽2~2.5毫米，乳白色。

发生规律　在四川省凉山地区1年发生1代。以卵在土中越冬，翌年3月开始孵化，4月中下旬为孵化盛期。初孵幼虫在土壤表层活动，取食腐殖质、杂草和果木的须根。5月上中旬开始在2~3厘米的表土内筑土室化蛹。6月上旬成虫开始羽化出土，7月为羽化出土盛期。初孵化出土的成虫，先在杂草上缓慢爬行和取食，之后飞到石榴树等寄主上危害。成虫常群栖危害，单株虫口可达数百头乃至上千头。成虫有较强的趋光性，白天喜群栖于阳光终日强烈照射的散生树和疏林上。石榴受害严重时，全株枯黄，重者枯死。

防治方法

农业防治　加强果园土肥水管理和树体管理，使果园保持合理的密度，及时清除园地周围杂草，造成不利于此虫发生的环境条件，预防和抑制其发生。

生物防治　在成虫盛发期，应用每毫升含1.5亿孢子的苏云金杆菌悬浮液喷雾防治，效果较好。

化学防治　成虫产卵前，于7月上旬到8月中旬，在早上5：00~9：00，成虫不甚活动时，针对该虫集中危害的习性，重点挑治。可喷50%敌百虫可湿性粉剂600~700倍液或90%晶体敌百虫1000~1500倍液、10%氯菊酯乳油2000~2500倍液、50%马拉硫磷乳油800~1000倍液等，每隔15~20天喷药1次，连续进行2~3次。

52　栗毒蛾（图2-52-1至图2-52-5）

属磷翅目毒蛾科。又名栎毒蛾、二角毛虫、苹果大毒蛾等。

分布与寄主

分布　全国各产区。

寄主　板栗、苹果、杏、李等果树。

危害特点 以幼虫取食叶片，常造成叶片破碎和缺刻，严重时能将叶片吃光。

形态鉴别 成虫：雌成虫体长约30毫米，翅展85~95毫米，触角丝状，头、胸部白色，背面有黑色斑5个，接近翅基部各有1个红斑；前翅灰白色，上有5条黑褐色波状纹，内缘有粉红色和黑色斑，外缘有8~9个黑斑，前缘和外缘粉红色；后翅淡红色，外缘有褐色斑8~9块并有横带1条；腹部浅红色，腹末3节白色，腹背中间有一排黑色斑。雄成虫体长20~24毫米，翅展45~52毫米，触角双栉齿状，胸部黑色，上有5块深黑色斑；前翅黑褐色，上有白色波状横纹数条，翅中室处有一个黑色圆点，外缘有8~9块黑斑；后翅淡黄褐色，外缘有黑色斑点和横带，中部有一个黑色横斑；腹部黄色，背中间有一条黑色纵条纹。卵：圆形白色，成块状。幼虫：体长60~80毫米，体黑褐色具黄白色斑；头部黄褐色；背线、前胸白色，后段枯黄色，体各节生毛瘤4个，上生黑褐色毛丛，第一节两侧丛毛特长且黑白毛混杂，第十一节生6丛长毛；腹面黄褐色，足赤褐色。蛹：长27~35毫米，黄褐色，头部有一对黑色短毛束。

发生规律 东北、华北等地年发生1代，以卵在树皮裂缝及锯伤口处越冬，栗树发芽时卵孵化，孵化期20~30天，初孵幼虫先在卵块附近群集危害，随虫龄增大分散危害。幼虫危害期50余天，7月份老熟，在叶背面结薄丝茧化蛹，尾端结一束丝倒吊。7月下旬成虫羽化，雌蛾多将卵产于树干阴面，每块卵约200粒，以卵越冬。

防治方法

农业防治 冬春刮除卵快；利用初孵幼虫集中危害习性捕杀；人工捕杀蛹和成虫。

化学防治 卵孵化盛期和幼虫集中危害期，叶面喷洒90%晶体敌百虫800倍液或40%辛硫磷乳油1000倍液或20%氰戊菊酯乳油、2.5%溴氰菊酯乳油、20%甲氰菊酯乳油、5%三氟氯氰菊酯乳油2000~3000倍液等。

53 柳蝙蛾（图2-53-1，图2-53-2）

属鳞翅目蝙蝠蛾科。又名蝙蝠蛾、东方蝙蝠蛾。

分布与寄主

分布 东北、江淮及南方果产区。

寄主 李、山楂、核桃、板栗、葡萄、樱桃、梨、苹果、杏、枇杷等果树、林木。

危害特点 幼虫危害枝条，把木质部表层蛀成环形凹陷坑道，致受害枝条生长衰弱，重则枝条枯死，遭风易折断。

形态诊断 成虫：体长32~36毫米，翅展61~72毫米，体色变化较大，刚羽化绿褐色，渐变粉褐，后变茶褐色；前翅前缘有7个半环形斑纹，翅中央有1个深褐色微暗绿的三角形大斑，外缘具由并列的模糊的弧形斑组成的宽横带；后翅暗褐色；雄蛾后足腿节背侧密生橙黄色刷状毛。卵：球形，直径0.6～0.7毫米，黑色。幼虫：体长50～80毫米，头部褐色，体乳白色，圆筒形，布有黄褐色瘤状突起。蛹：圆筒形，黄褐色。

发生规律　辽宁1年发生1代，少数2代，以卵在地面或以幼虫在枝干髓部越冬，翌年5月开始孵化，6月中旬在花木或杂草茎中危害，6~7月转移到附近木本寄主上，蛀食枝干。8月上旬开始化蛹，8月下旬至9月成虫羽化。成虫昼伏夜出，卵产在地面上越冬，每雌可产卵2000～3000粒。两年1代者幼虫翌年8月于被害处化蛹，9月成虫羽化。天敌有孢目白僵菌、柳蝙蛾小寄蝇等。

防治方法

农业防治　冬春季耕翻园地，将卵翻压至深层土壤，至幼虫不能正常孵化出土；及时清除园内杂草，集中深埋或烧毁；及时剪除被害虫枝。

生物防治　保护利用天敌。

化学防治　①地面施药。5月至6月上旬幼虫孵化及低龄幼虫在地面活动期，地面喷洒40%辛硫磷乳油600～800倍液；45%马拉硫磷乳油或48%毒死蜱乳油800～1000倍液；2.5%溴氰菊酯乳油或20%氰戊菊酯乳油1500～2000倍液等2~3次，省工效果好。②枝干涂药。于幼虫上树前，树干上涂抹上述药液，毒杀上树幼虫。③虫孔注药。幼虫钻入枝干后，可用80%敌敌畏乳油50倍液及上述药液50～100倍液注入虫孔，每孔10～20毫升，注意不要注入太多，以能杀死幼虫药液被树体吸收为好，注多了容易造成烂干。

54　柳毒蛾（图2-54-1至图2-54-4）

鳞翅目毒蛾科。又名杨雪毒蛾、杨毒蛾。

分布与寄主

分布　北起黑龙江、内蒙古、新疆，南至浙江、江西、湖南、贵州、云南等地及周边地区都有分布，淮河以北密度较大。

寄主　李、梨、板栗、樱桃、杏、桃、梅、茶树、杨、柳、栎树等多种果树和林木。

危害特点　以幼虫啃食叶片，受害叶片呈缺刻或孔洞状，严重时叶片被食光，仅留叶皮及叶脉，呈网状。

形态诊断　成虫：体长12～13毫米，雄成虫翅展35～45毫米，雌成虫翅展45~60毫米。体白色，具光泽；头、胸、腹部稍带浅黄色，栉齿灰褐色；下唇须、复眼外侧为黑色；足白色，胫节和跗节有黑环。前翅稀布鳞片，微带透明光泽，前缘和基部微带黄色；触角黑色，带有白色环节，黑白相间呈斑点状。卵：直径0.8～1毫米，扁圆形，绿色至褐色，卵块上被灰色泡沫状物。幼虫：老熟幼虫体长35～50毫米；头部灰黑色有棕白色毛；体黄色，亚背线黑褐色，气门上线和下线由黑点组成；体腹面和胸足暗黄色，腹足灰黑色；瘤棕黄色有黄白色刚毛。蛹：体长15～25毫米，灰褐黑色带黄白色斑，气门棕黑色；刚毛黄白色。

发生规律　东北1年发生1代，华北2代，以2龄幼虫在树皮缝中作薄茧越冬。翌年3～4月中旬，寄主展叶期开始活动，5月中旬幼虫体长10毫米左右，白天爬到树洞里或建筑物的缝隙及树下各种物体下面躲藏，夜间上树为害。6月中旬幼虫老熟后化蛹，6月底成虫羽化，有的把卵产在枝干上，7月初第一代幼虫开始孵化为害，1～2龄幼虫有群集性，可吐丝下垂借风传播；9月底二代幼虫陆续钻入树皮缝中作茧越冬。一、二代卵期10天左右，一代幼虫期35天、二代240天，越冬代蛹期8天，一代为10天。成虫有趋光性，雌虫较明显，夜间活动，多将卵产在树皮或叶片上，堆积成大的灰白色卵块。

防治方法

农业防治　9月初，幼虫下树越冬前，用干草在树干基部捆扎20厘米宽的草脚，翌年3月撤除干草并烧毁。

物理防治　利用成虫有趋光性，可用黑光灯和频振式杀虫灯诱杀。

化学防治　发生盛期用40%辛硫磷乳油1000倍液、20%氰戊菊酯乳油1500倍液、2%异丙威可湿性粉剂2000倍液等喷杀幼虫，可间隔7～10天，连用1～2次。

55 苹果大卷叶蛾（图2-55-1至图2-55-3）

属鳞翅目卷蛾科。又名黄色卷蛾。

分布与寄主

分布　长江以北产区。

寄主　樱桃、桃、杏、李、苹果、梨等果树。

危害特点　以幼虫危害嫩芽、花蕾、叶片和果实。幼虫卷叶危害，将叶片吃成孔洞和缺刻。

形态诊断　成虫：体长11～13毫米，雄虫翅展19～24毫米，雌虫翅展23～34毫米；翅黄褐色或暗褐色，前翅近基部1/4处和中部自前缘向后缘有2条浓褐色斜宽带；雄虫前翅基部有前缘褶，翅基部1/3处靠后缘有1黑色小圆点。卵：椭圆形，黄绿色。幼虫：体长23～25毫米，深绿色稍带灰白色，头和前胸背板黄褐色，前胸背板后缘黑褐色，体背毛瘤较大，刚毛细长，臀栉5根。蛹：长10～13毫米，红褐色。

发生规律　1年发生2代，以幼龄幼虫结白色薄茧在树干翘皮下和剪锯口等处越冬。翌春果树花芽开绽时，幼虫出蛰危害嫩叶，稍大后卷叶危害。老熟幼虫在卷叶内化蛹，6月上中旬越冬代成虫发生。成虫昼伏夜出，趋光性和趋化性不强。成虫产卵于叶上，数十粒排列成鱼鳞状卵块，卵期5～8天。低龄幼虫多在叶背啃食叶肉，稍大后卷叶危害，有吐丝下垂的习性。6月下旬至7月上旬第一代幼虫发生，8月上中旬第一代成虫发生，8月下旬第二代幼虫发生，危害一段时间后结茧越冬。天敌有赤眼蜂、甲腹茧蜂等。

防治方法

农业防治　冬春季彻底刮除树体粗皮、翅皮、剪锯口周围死皮，消灭越冬幼虫。生长季节及时摘除卷叶。

生物防治　幼虫发生期，隔株或隔行释放赤眼蜂，每代放蜂3~4次，间隔5天，每株放有效蜂1000~2000头。

化学防治　越冬幼虫出蛰盛期及第一代卵孵化盛期是施药的关键期，可喷洒48%哒嗪硫磷乳油或50%杀螟硫磷乳油、50%马拉硫磷乳油1000倍液、20%氰戊菊酯乳油3000倍液、5%氯氰菊酯乳油3000倍液等。

56 苹果小卷叶蛾（图2-56-1至图2-56-4）

属鳞翅目卷蛾科。又名苹果小卷蛾、棉褐带卷蛾、苹卷蛾、棉卷蛾。

分布与寄主

分布　全国除西藏未见报道外，其他各产区均有分布。

寄主　苹果、山楂、桃、杏、李、樱桃、梨等果树和林木。

危害特点　幼虫吐丝将2~3片叶连缀一起，并在其中危害，将叶片吃成缺刻或网状；被害果表面呈现形状不规则的小坑洼，尤其果、叶相贴时，受害较多。

形态诊断　成虫：体长6~8毫米，翅展13~23毫米，淡棕色或黄褐色；前翅自前缘向后缘有2条深褐色斜纹；后翅淡灰色；雄虫较雌虫体小，体色较淡，前翅基部有前缘褶。卵：椭圆形，淡黄色。幼虫：体长13~15毫米，头和前胸背板淡黄色，老龄幼虫翠绿色。蛹：长9~11毫米，黄褐色。

发生规律　1年发生3~4代，以2龄幼虫结白色薄茧在剪锯口、树皮裂缝、翘皮下越冬。翌年果树发芽后出蛰，取食嫩芽、幼叶，稍大吐丝缀叶，潜伏其中危害，幼虫极活泼，遇惊扰急剧扭动身体吐丝下垂。成虫发生盛期在6月中旬，昼伏夜出，有较强的趋化性和微弱的趋光性，对糖醋液或果醋趋性甚烈。卵产于叶面或果面较光滑处，数十粒排列成鱼磷状卵块，卵期7天左右。第一代幼虫发生期在7月中下旬，第二代幼虫发生期在8月下旬至9月上旬，第三代幼虫于9月上旬至10月上旬危害一段时间后越冬。天敌有赤眼蜂等。

防治方法

农业防治　冬春季刮除树干上剪锯口等处的翘皮，消灭越冬幼虫。生长季节，发现卷叶后及时用手捏死其中的幼虫。

生物防治　在产卵盛期释放赤眼蜂于果园，消灭虫卵。

化学防治　①冬春季用80%敌敌畏乳油200倍液涂抹剪锯口，消灭越冬幼

虫。②在越冬幼虫出蛰期和各代幼虫发生初期，喷洒50%辛硫磷乳油1500倍液或50%杀螟硫磷乳油1000倍液；48%毒死蜱乳油或52.25%蜱·氯乳油2000倍液、2.5%溴氰菊酯乳油3000倍液等。

57 苹毛丽金龟（图2-57-1，图2-57-2）

属鞘翅目丽金龟科。又名苹毛金龟子、长毛金龟子。

分布与寄主

分布 黑龙江、吉林、辽宁、内蒙古、宁夏、甘肃、青海、陕西、山西、北京、河北、河南、山东、安徽、江苏、上海、浙江、重庆、四川等地。

寄主 苹果、石榴、梨、核桃、桃、李、杏、葡萄、山楂、板栗、草莓、黑莓、海棠等。

危害特点 成虫食害嫩叶、芽及花器；幼虫危害地下组织。

形态诊断 成虫：体长8.9~12.5毫米，宽5.5~7.5毫米。卵圆至长圆形，除鞘翅和小盾片外，全体密被黄白色绒毛。头胸部古铜色，有光泽；鞘翅茶褐色，具淡绿色光泽，上有纵列成行的细小点刻。触角鳃叶状9节，棒状部3节。从鞘翅上可透视出后翅折叠成“V”字形。腹部末端露出鞘翅。卵：椭圆形，长1.5毫米，初乳白后变为米黄色。幼虫：体长约15毫米，头黄褐色，头部前顶刚毛每侧7~8根，呈一纵列，后顶刚毛每侧10~11根，呈簇状，额中侧毛每侧2根，较长。臀节肛腹片覆毛区中央具2列刺毛，相距较远，每列前段由短锥状刺毛6~12根组成，后段为长针状刺毛6~10根，排列整齐。蛹：长卵圆形，长12.5~13.8毫米，宽5.5~6.0毫米，初黄白后变黄褐色。

发生规律 1年发生1代，以成虫在土中越冬。翌春3月下旬开始出土活动，主要危害蕾花，4月中旬至5月上旬危害最盛；成虫发生期40~50天，于5月中下旬成虫活动停止。4月中旬开始产卵，产卵盛期为4月下旬至5月上旬，卵期20~30天，幼虫期60~80天。幼虫发生盛期为5月底至6月初。7月底开始化蛹，化蛹盛期为8月中下旬。9月中旬开始羽化，羽化盛期为9月中旬，羽化后的成虫不出土，即在土中越冬。成虫具假死性，无趋光性，当平均气温达20℃以上时，成虫在树上过夜；温度较低时潜入土中过夜。成虫最喜食花器，故随寄主现蕾、开花早迟而转移危害，一般先危害杏、桃，后转至梨、苹果及石榴上危害。卵多产于9~25厘米土层中，并多选择土质疏松且植被稀疏的场所产卵，单雌产卵8~56粒，一般20余粒。天敌有：红尾伯劳、灰山椒鸟、黄鹂等益鸟和朝鲜小庭虎甲、深山虎甲、粗尾拟地甲及寄生蜂、寄生蝇、寄生菌等。

防治方法 此虫虫源来自多方面，特别是荒地虫量最多，故应以消灭成虫为主。

农业防治 早、晚张网震落成虫，捕杀之。

生物防治 保护利用天敌。

化学防治 ①地面使药，控制潜土成虫。常用药剂有5%辛硫磷颗粒剂每亩3千克撒施；或50%辛硫磷乳油每亩0.3~0.4千克加细土30~40千克拌匀成毒土撒施；或稀释500~600倍液均匀喷于地面。使用辛硫磷后应及时浅耙，提高防效。②树上使药。于果树接近开花前，结合防治其他害虫喷洒52.25%蜱·氯乳油或50%二嗪磷乳油或45%马拉硫磷乳油或48%哒嗪硫磷乳油1500倍液、2.5%溴氰菊酯乳油2000~3000倍液等。

58 苹掌舟蛾（图2-58-1至图2-58-6）

属鳞翅目舟蛾科。又名舟形毛虫、苹果天社蛾、黑纹天社蛾、举尾毛虫、举肢毛虫、秋黏虫、苹天社蛾、苹黄天社蛾等。

分布与寄主

分布 全国各产区。

寄主 苹果、山楂、核桃、樱桃、梨、杏、桃、李、栗、枇杷等果树和林木。

危害特点 初龄幼虫啃食叶肉，仅留表皮，呈箩底状，稍大后把叶食成缺刻或仅残留叶柄，严重时把叶片吃光，造成二次开花。

形态诊断 成虫：体长22~25毫米，翅展49~52毫米，头胸部淡黄白色，腹背雄蛾浅黄褐色，雌蛾土黄色，末端均淡黄色；触角丝状；前翅银白色，在近基部生一长圆形斑，外缘有6个椭圆形斑，横列成带状，各斑内端灰黑色，外端茶褐色，中间有黄色弧线隔开；翅中部有淡黄色波浪状线4条；后翅浅黄白色，近外缘处生一褐色横带。卵：球形，直径约1毫米，初淡绿渐变灰色。幼虫：体长55毫米左右，被灰黄长毛；头、前胸、臀板、足均黑色，胴部紫黑色，体侧具3条紫红色线，并具多个淡黄色的长毛簇。蛹：长20~23毫米，暗红褐色至黑紫色，腹末有臀棘6根。

发生规律 1年发生1代，以蛹在树冠下土中越冬，翌年7月上旬至下旬羽化，成虫昼伏夜出，趋光性强。卵多产在树体东北面的中下部枝条的叶背，数十粒或百余粒密集成块。卵期6~13天。低龄幼虫傍晚至早晨或阴天群集叶面，头向叶缘排列成行，由叶缘向内啃食。低龄幼虫遇惊扰或震动时，成群吐丝下垂。稍大后分散取食，白天多栖息在叶柄或枝条上，头尾翘起，状似小舟，故称舟形毛虫。幼虫期31天左右，成龄后食量大，常把叶片吃光。幼虫老熟后下树入土化蛹越冬。

防治方法

农业防治 冬春季翻耕树盘，利用低温和鸟食消灭越冬蛹；在幼虫分散危害前，及时剪除幼虫群居的枝叶烧毁；利用幼虫吐丝下垂的习性，人工震落捕杀幼虫。

生物防治 ①在卵发生期的7月中下旬释放松毛虫赤眼蜂，卵被寄生率可达95%以上，灭卵效果好。也可在幼虫期喷洒每克含300亿孢子的青虫菌粉剂1000

倍液。②成虫发生期利用黑光灯诱杀成虫。

化学防治 卵孵化前后和幼虫分散危害前是树上施药的关键期。可喷洒48%毒死蜱乳油或40%乙酰甲胺磷乳油、50%杀螟硫磷乳油1000~1200倍液、90%晶体敌百虫800倍液、20%戊菊酯乳油1500~2000倍液、10%醚菊酯乳油800~1000倍液、25%灭幼脲悬浮剂1500倍液、3%啶虫脒乳油2000倍液等。

59 人纹污灯蛾（图2-59-1至图2-59-6）

属鳞翅目灯蛾科。

分布与寄主

分布 全国多数果产区。

寄主 桃、杏、李、苹果等果树。

危害特点 幼虫以危害叶片为主，重者吃光叶片，仅剩叶脉或叶柄。食料缺乏时，也啃害果皮。

形态鉴别 成虫：体长约20毫米，翅展40~60毫米，前翅黄白色，基部有1个小黑点，前翅中部有1列黑色线点，停息时两翅合拢，黑点形成似“人”字形纹。卵：灰白色。幼虫：体长46~55毫米，黄褐色，体被黄色长毛。蛹：体长18毫米，深褐色，外被幼虫体毛和丝织成的虫茧。

发生规律 1年发生2代，在地表落叶或浅土中以蛹结茧越冬。翌年5月羽化，卵成块产于叶背，单层排列成行，每块数十粒至上百粒。第一代幼虫6月下旬至7月下旬发生，第一代成虫7~8月发生。第二代幼虫8~9月发生，发生量大危害重，10月幼虫老熟结茧化蛹越冬。成虫有趋光性。初孵幼虫群集叶背取食，3龄后分散危害，爬行速度快，受惊后落地假死，蜷缩成环。

防治方法

农业防治 冬季清园，消灭越冬蛹。成虫发生期灯光诱杀成虫，幼虫集中危害期及时摘除有虫叶片。

化学防治 幼虫初孵期喷洒20%氰戊菊酯乳油2000倍液或95%晶体敌百虫1000倍液、40%辛硫磷乳油1200倍液。

60 山楂绢粉蝶（图2-60-1至图2-60-3）

属鳞翅目粉蝶科。又名山楂粉蝶、苹果粉蝶、苹果白蝶、梅白粉蝶、树粉蝶。

分布与寄主

分布 全国各产区。

寄主 山楂、苹果、梨、李、杏、樱桃、桃等果树。

危害特点 幼虫危害芽、叶和花蕾，初孵幼虫群居于树冠上，吐丝结网成巢，日间潜伏于巢内，夜晚危害；随虫龄增大，分散危害，严重时将树叶吃光。

形态诊断 成虫：体长22~25毫米，翅展64~76毫米，体黑色，头胸及足被淡黄白色至灰白鳞毛，触角棒状；翅白色，翅脉黑色，前翅外缘各脉末端都有1个三角形黑斑；雌腹部较大，雄瘦小。卵：柱形，顶端稍尖，高1~1.5毫米，直径0.5毫米左右，初产金黄渐变淡黄色。幼虫：体长38~45毫米，体上有稀疏淡黄色长毛间有黑毛，间布许多小黑点；头胸部、胸足和臀板黑色；胴部背面有3条黑色纵带，其间夹有两条黄褐色纵带，腹面紫灰色。蛹：长约25毫米，分黑色和黄色两种形态，体上布许多黑色斑点。

发生规律 1年发生1代，以低龄幼虫群集在树冠上用丝缀叶成巢并在其中越冬。寄主春季发芽时开始活动，夜伏昼动，群集危害芽、嫩叶和花器。较大幼虫离巢危害，老熟幼虫在枝干、树下杂草、砖石瓦块等处化蛹，蛹期14~23天。成虫白天活动，在株间飞舞吸食花蜜。单雌产卵200~500粒，卵多块产于嫩叶正面，卵期10~17天。低龄幼虫在叶面上群居啃食，并吐丝缀连被害叶成巢。于8月间在巢内结茧群集越冬。天敌有黑瘤姬蜂、绒茧蜂、寄蝇等。

防治方法

农业防治 摘虫巢灭虫。冬春季彻底摘除树上不脱落的枯叶虫巢，消灭其内越冬幼虫，简单有效防虫效果好。卵期摘卵块灭卵。

化学防治 卵孵化前后是防治的关键期，可喷洒50%马拉硫磷乳油或48%哒嗪硫磷乳油、50%杀螟硫磷乳油、25%喹硫磷乳油1000~1200倍液、2.5%三氟氯氰菊酯乳油或2.5%溴氰菊酯乳油、20%氰戊菊酯乳油3000~3500倍液、10%联苯菊酯乳油4000倍液或52.25%蜱·氯乳油1500倍液等。

61 柿黄毒蛾（图2-61-1至图2-61-6）

属鳞翅目毒蛾科。又名黄毒蛾、折带黄毒蛾、杉皮毒蛾。

分布与寄主

分布 黑龙江、辽宁、河南、河北、山东、江苏、安徽、浙江、江西、福建、湖北、湖南、广西、广东、陕西、四川等地。

寄主 柿、石榴、苹果、海棠、梨、山楂、樱桃、桃、李、梅、枇杷、板栗、榛、茶、蔷薇等。

危害特点 幼虫食芽、叶，将叶吃成缺刻或孔洞，严重的将叶片吃光，并啃食枝条的皮。

形态诊断 成虫：雌体长15~18毫米，翅展35~42毫米；雄略小；体黄色或浅橙黄色。触角栉齿状，雄较雌发达；复眼黑色；下唇须橙黄色。前翅黄色，中部具棕褐色宽横带1条，从前缘外斜至中室后缘，折角内斜止于后缘，形成折带，故称折带黄毒蛾。带两侧为浅黄色线镶边，翅顶区具棕褐色圆点2

个，位于近外缘顶角处及中部偏前。后翅无斑纹，基部色浅，外缘色深。缘毛浅黄色。卵：半圆形或扁圆形，直径0.5~0.6毫米，淡黄色，数十粒至数百粒成块，排列为2~4层，卵块长椭圆形，并覆有黄色绒毛。幼虫：体长30~40毫米，头黑褐色，上具细毛。体黄色或橙黄色，胸部和第五至十腹节背面两侧各具黑色纵带1条，其胸部者前宽后窄，前胸下侧与腹线相接，五至十腹节者则前窄后宽，至第八腹节两线相接合于背面。臀板黑色，第八节至腹末背面为黑色。第一、二腹节背面具长椭圆形黑斑，毛瘤长在黑斑上。各体节上毛瘤暗黄色或暗黄褐色，其中一、二、八腹节背面毛瘤大而黑色，毛瘤上有黄褐色或浅黑褐色长毛。腹线为1条黑色纵带。胸足褐色，具光泽，腹足发达，淡黑色，疏生淡褐色毛。背线橙黄色，较细，但在中、后胸节处较宽，中断于体背黑斑上。气门下线淡橙黄色，气门黑褐色近圆形。腹足、臀足趾钩单纵行，趾钩39~40个。蛹：长12~18毫米，黄褐色，臀棘长，末端有钩。茧：长25~30毫米，椭圆形，灰褐色。

发生规律　1年发生2代，以3~4龄幼虫在树洞或树干基部树皮缝隙、杂草、落叶等杂物下结网群集越冬。翌春上树危害芽叶。老熟幼虫5月底结茧化蛹，蛹期约15天。6月中下旬越冬代成虫出现，并交尾产卵，卵期14天左右。第一代幼虫7月初孵化，危害到8月底老熟化蛹，蛹期约10天。第一代成虫9月发生后交尾产卵，9月下旬出现第二代幼虫，危害到秋末。以3~4龄幼虫越冬。幼虫孵化后多群集叶背危害，并吐丝网群居枝上，老龄时多至树干基部、各种缝隙吐丝群集，多于早晨及黄昏取食。成虫昼伏夜出，卵多产在叶背，每雌产卵600~700粒。该虫寄生性天敌有寄生蝇等20多种。

防治方法

农业防治　冬春季清除园内及四周落叶杂草，刮树皮，杀灭越冬幼虫。及时摘除卵块，捕杀群集幼虫。

化学防治　低龄幼虫危害期叶面喷洒80%丙硫磷乳油或48%哒嗪硫磷乳油、50%二嗪磷乳油、50%马拉硫磷乳油1000倍液、2.5%溴氰菊酯乳油3000~3500倍液、10%联苯菊酯乳油4000倍液等。

62　柿毛虫（图2-62-1至图2-62-6）

属鳞翅目毒蛾科。又名舞毒蛾、松针黄毒蛾、秋千毛虫。

分布与寄主

分布　全国各产区。

寄主　柿、苹果、柑橘、李等500余种植物。

危害特点　初孵幼虫群栖危害，稍大后分散危害，白天潜藏在树皮缝、枝杈、树下杂草等多种隐蔽场所，傍晚上树。幼虫蚕食叶片，严重时整树叶片被吃光。

形态诊断 成虫：雄虫体长18~20毫米，翅展45~47毫米，暗褐色；头黄褐色，触角羽状褐色；前翅外缘色深呈带状，翅面上有4~5条深褐色波状横线，中室中央有一黑褐圆斑，中室端横脉上有一黑褐色“<”形斑纹，外缘脉间有7~8个黑点；后翅色较淡，外缘色较浓成带状。雌虫体长25~28毫米，翅展70~75毫米，污白微黄色；触角黑色短羽状，前翅上的横线与斑纹同雄虫相似，暗褐色；后翅近外缘有一条褐色波状横线；外缘脉间有7个暗褐色点；腹部肥大，末端密生黄褐色鳞毛。卵：卵圆形，0.9~1.3毫米，黄褐至灰褐色。幼虫：体长50~70毫米，头黄褐色，正面有“八”字形黑纹；胴部背面灰黑色，背线黄褐色，腹面带暗红色，胸、腹足暗红色；体节各有6个毛瘤横列，背面中央的一对色艳，上生棕黑色短毛，两侧的毛瘤上生黄白与黑色长毛一束。蛹：长19~24毫米，红褐至黑褐色。

发生规律 1年发生1代，以卵块在树体上、树下砖石块等处越冬。寄主发芽时孵化，初龄幼虫日间多群栖，夜间取食，受惊扰吐丝下垂借风力扩散，故称秋千毛虫。稍大后分散取食，白天栖息在树杈、树皮缝或树下土石缝中，傍晚成群上树取食。幼虫期50~60天，6月中下旬陆续老熟爬到隐蔽处结薄茧化蛹，蛹期10~15天。7月成虫大量羽化。成虫有趋光性，雄蛾白天在枝叶间飞舞；雌体大、笨重，很少飞行，常在化蛹处附近产卵，在树上多产于枝干的阴面，卵400~500粒成块，形状不规则，上覆雌蛾腹末的黄褐色鳞毛。天敌主要有舞毒蛾黑瘤姬蜂、喜马拉雅聚瘤姬蜂、脊腿匙宗瘤姬蜂、舞毒蛾卵平腹小蜂、梳胫饰腹寄蝇、毛虫追寄蝇、隔脑狭颊寄蝇等。

防治方法

农业防治 冬春季清理树下砖石、土块，消灭越冬卵。幼虫发生期利用幼虫白天下树潜伏习性，在树干基部堆砖石瓦块，诱集捕杀幼虫。

生物防治 保护和利用天敌。

化学防治 ①在幼虫孵化盛期和分散危害前，喷洒90%晶体敌百虫或50%杀螟硫磷乳油、50%辛硫磷乳油、90%杀螟丹可湿性粉剂1000倍液，2.5%溴氰菊酯乳油或20%氰戊菊酯乳油、1.8%阿维菌素乳油、10%联苯菊酯乳油3000倍液、52.25%蜱·氯乳油1500~2000倍液。②于傍晚幼虫上树前，在树干上喷洒高效低毒低残留的触杀剂或在树干上涂50~60厘米宽的药带，毒杀幼虫。

63 桃白条紫斑螟（图2-63-1）

属鳞翅目螟蛾科。又名桃白纹卷叶螟。

分布与寄主

分布 山西、河南等地。

寄主 桃、杏、李、樱桃等果树。

危害特点 幼虫食叶，初龄幼虫啮食下表皮和叶肉，稍大在梢端吐丝拉网缀叶成巢，常数头至十余头群集巢内食叶成缺刻与孔洞，随虫龄增长虫巢扩大，叶柄被咬断者呈枯叶于巢内，丝网上黏附许多粪粒。亦有单独卷缀叶片危害的。

形态诊断 成虫：体长8～10毫米，翅展18～20毫米，体灰至暗灰色，各腹节后缘淡黄褐色；触角丝状，雄虫鞭节基部有暗灰色至黑色长毛丛略呈球形；前翅暗紫色，基部2/5处有一条白横带；后翅灰色外缘色暗。卵：扁长椭圆形，长0. 8～0. 9毫米，淡黄白至淡紫红色。幼虫：体长15～18毫米，头灰绿有黑斑纹，体多为紫褐色，前胸盾灰绿色，背线宽黑褐色，两侧各具2条淡黄色云状纵线，臀板暗褐色或紫黑色。低、中龄幼虫体多淡绿色至绿色，头部有浅褐色云状纹，背线深绿色，两侧各有2条黄绿色纵线。蛹：长8～10毫米，头胸和翅芽翠绿色，腹部黄褐色，背线深绿色。茧：纺锤形，长11～13毫米，丝质灰褐色。

发生规律 1年发生2代，以茧蛹于树冠下表土层越冬，少数于皮缝和树洞中越冬。越冬代成虫5月上旬到6月中旬羽化，第一代成虫发生期7月上旬至8月上旬。成虫昼伏夜出有趋光性，卵多散产于枝条上部叶背近基部主脉两侧，单叶落卵多者10余粒，卵期15天左右。第一代幼虫5月下旬开始孵化，6月下旬开始老熟入土结茧化蛹，蛹期15天左右。第二代卵期10～13天，7月中旬开始孵化，8月中旬开始老熟入土结茧化蛹越冬。成虫寿命2～13天。天敌有赤眼蜂、寄生蜂等。

防治方法

农业防治 冬春季翻耕树盘，利用低温、鸟食，消灭树冠下土层中的越冬蛹。

生物防治 保护利用天敌。

化学防治 卵孵化后及幼虫结网前，叶面喷洒50%马拉硫磷乳油或50%杀螟硫磷乳油1000倍液、10%氯菊酯乳油或乙氰菊酯乳油1000～1500倍液。

64 桃黄斑卷叶蛾（图2-64-1，图2-64-2）

属鳞翅目卷蛾科。又名桃黄斑卷叶虫、桃黄斑长翅卷叶蛾。

分布与寄主

分布 长江以北产区。

寄主 桃、李、杏、山楂、苹果、梨等果树。

危害特点 幼龄幼虫食害嫩叶、新芽，稍大卷叶或平叠叶片或贴叶果面，食叶肉呈纱网状和孔洞；啃食贴叶果的果皮，至呈不规则形凹疤，多雨时常腐烂脱落。

形态鉴别 成虫：有夏型和越冬型之分；体长约7毫米，翅展15～20毫米；前翅近长方形，顶角圆钝；夏型头胸背和前翅金黄色，其上散生银白色竖立鳞片，后翅和腹部灰白色；越冬型体较夏型稍大，体暗褐微带浅红，前翅上散生有黑色鳞片；后翅浅灰色。卵：扁椭圆形，直径约0.8毫米，乳白色至暗红色。幼虫：初龄幼虫体淡黄色，2~3龄为黄绿色，头、前胸背板及胸足都为黑色；成龄幼虫体长21毫米左右，黄绿至绿色，头部黄褐色，前胸盾黄绿色。蛹：体长9~11毫米，黑褐色。

发生规律 北方1年发生3~4代，以越冬型成虫在杂草、落叶间越冬，翌年3月开始活动，第一代卵于4月上中旬产于枝条或芽附近，一代幼虫孵后蛀食花芽及芽的基部后卷叶危害。以后各代幼虫均卷叶危害。世代重叠。成虫寿命越冬型5个多月，夏型仅有12天左右，单雌产卵80余粒，多散产于叶背。卵期一代约20天，其他世代4~5天。幼虫3龄前食叶肉仅留表皮，3龄后咬食叶片成孔洞。幼虫期约24天，共5龄，老熟后转移卷新叶结茧化蛹，蛹期平均13天左右。天敌有赤眼蜂、黑绒茧蜂、瘤姬蜂、赛寄蝇等。

防治方法

农业防治 冬春季清除果园及附近的枯枝落叶和杂草，集中堆沤或烧毁；幼虫发生及时摘除卷叶。

生物防治 释放赤眼蜂等天敌防治。

化学防治 在各代卵孵化盛期及时施药，可用90%晶体敌百虫或50%丙硫磷乳油、48%哒嗪硫磷乳油、50%杀螟硫磷乳油、50%马拉硫磷乳油1000倍液、25%三氟氯氰菊酯乳或20%氰戊菊酯乳油3000~3500倍液、10%联苯菊酯乳油4000倍液或52.25%蜱·氯乳油1500倍液防治。

65 铜绿金龟（图2-65-1至图2-65-3）

属鞘翅目丽金龟科。又名铜绿丽金龟、淡绿金龟子、青金龟子，俗称铜克郎、金克郎、瞎碰等。

分布与寄主

分布 全国除新疆、西藏、青海等少数产区未见报道外，其他产区均有分布。

寄主 梨、山楂、核桃、樱桃、板栗、杏、石榴、苹果、葡萄、柑橘、李等果树。

危害特点 成虫食害叶、芽及花器，食叶成孔洞或缺刻，顶芽被害后，主茎停止生长；花器受害易脱落。幼虫危害地下组织。

形态诊断 成虫：体长15~18毫米，宽8~10毫米，体铜绿色；头部较大，深铜绿色；触角9节鳃叶状；前胸背板发达闪光绿色；鞘翅为黄铜绿色，有光泽，并有不甚明显隆起带；胸部腹板黄褐色有细毛；腹部米黄色，雌虫腹面乳白色。卵：椭圆形，2.3毫米×2.2毫米，乳白色。幼虫：体长32毫米左右，头黄褐色，体乳白色，通称蛴螬。蛹：体长22~25毫米，淡黄色。

发生规律　1年发生1代，以幼虫在土内越冬。翌春3月上到表土层，5月化蛹，6月上旬至7月中旬成虫危害盛期，危害期40天左右。6月下旬至7月中旬产卵，卵多散产在4~14厘米土层中，卵期7~13天，6月中旬至7月下旬幼虫孵化，危害至深秋下移至深土层越冬。成虫昼伏夜出，飞翔力强，有较强的趋光性和假死性，晚上交尾产卵食叶危害，白天潜伏土中，喜欢栖息在深度7厘米左右疏松潮湿的土壤里。幼虫在土壤中钻蛀，危害地下根部。

防治方法

农业防治　冬前耕翻园地，利用冰冻、日晒、鸟食消灭越冬幼虫。成虫发生期于傍晚摇动树枝，下铺布单或塑料薄膜震落成虫捕杀之。

物理防治　用黑光灯诱杀。

化学防治　基肥里全面喷洒50%辛硫磷乳油或20%辛·阿乳油、20%甲氰菊酯乳油1000~1500倍液等，搅拌混匀，触杀幼虫。成虫发生危害期，叶面喷洒15%辛·阿乳油或90%晶体敌百虫800~1000倍液、10%氯氰菊酯乳油1500~2000倍液、5%顺式氰戊菊酯乳油2000~3000倍液等触杀成虫。

66　小青花金龟（图2-66-1至图2-66-3）

属鞘翅目花金龟科。又名小青花潜、银点花金龟、小青金龟子。

分布与寄主

分布　全国除新疆未见报道外，其他各地均有分布。

寄主　板栗、苹果、梨、李、杏、桃等果树。

危害特点　成虫食害芽、花器和嫩叶；幼虫危害植物地下部组织。

形态鉴别　成虫：体长11~16毫米，宽6~9毫米，长椭圆形稍扁，背面暗绿、绿色或黑褐色，腹面黑褐色；体表密布淡黄色毛和点刻。头较小，黑褐色或黑色；前胸背板半椭圆形，前窄后宽，其上有3个白斑；小盾片三角状；鞘翅狭长，翅面上生有白色或黄白色绒斑。卵：椭圆形，长1.7毫米×1.2毫米，乳白至淡黄色。幼虫：体长32~36毫米，体乳白色，头部棕褐色或暗褐色；臀节肛腹片后部生刺状刚毛。蛹：长14毫米，淡黄白至橙黄色。

发生规律　1年发生1代，北方以幼虫越冬，江南以幼虫、蛹或成虫越冬。以成虫越冬的翌年4月上旬出土活动，4月下旬到6月盛发。以末龄幼虫越冬的，成虫于5~9月陆续出现，雨后出土多。成虫白天活动、喜食花器，春季多群集食害花和嫩叶，导致落花，并随寄主开花早晚转移危害；成虫飞行力强，具假死性，夜间多入土潜伏。卵散产在土中、杂草或落叶下，尤喜产卵于腐殖质多的场所。幼虫孵化后以腐殖质为食，并危害根部，老熟后化蛹于浅土层。

防治方法

农业防治　冬春季耕翻果园，利用低温和鸟食消灭地下幼虫；随时清除果

园杂草、落叶，不在果园内堆放未腐熟的农家肥；春季开花期张单震落成虫捕杀之。

化学防治 必要时叶面喷洒2.5%溴氰菊酯乳油1500倍液或5%顺式氰戊菊酯乳油3000倍液、25%喹硫磷乳油1000倍液、48%哒嗪硫磷乳油1500倍液等。

67 杏白带麦蛾（图2-67-1至图2-67-3）

属鳞翅目麦蛾科。又名环纹贴叶蛾、环纹贴叶麦蛾。

分布与寄主

分布 黄淮产区。

寄主 樱桃、桃、杏、李、苹果等果树叶。

危害特点 以幼虫吐白丝卷叶或黏缀两叶，幼虫潜伏其内食害叶肉，形成不规则斑痕，残留表皮和叶脉，日久变褐干枯。

形态诊断 成虫：体长7~8毫米，灰色，头胸背面银灰色；触角丝状，呈黑白相间环节状；前翅狭长披针形灰黑色，后缘从翅基至端部纵贯银白色带1条，栖息时体背形成1条银白色3珠状纵带。后翅灰白色。幼虫：体长6~7毫米，头黄褐色；中胸至腹末各体节前半部淡紫红至暗红色，后半部浅黄白色，全体形似红、白环纹状。蛹：长4毫米，纺锤形。茧：长6~7毫米，长椭圆形，灰白色。

发生规律 1年发生3代。于10月中下旬以幼虫在枝干皮缝中结茧化蛹越冬。翌年4月下旬至5月中旬羽化。成虫活泼，多在夜间活动，卵多产在叶上。5月中下旬第一代幼虫出现，幼虫活泼爬行迅速，触动时迅速退缩，吐丝下垂，6月下旬陆续老熟在受害叶内结茧化蛹。

防治方法

农业防治 冬春刮树皮，集中处理消灭越冬蛹。

化学防治 幼虫危害期喷洒90%晶体敌百虫或50%杀螟硫磷乳油、50%辛硫磷乳油、48%哒嗪硫磷乳油1000倍液、10%联苯菊酯乳油4000倍液或52.25%蜱·氯乳油1500倍液等。

68 绣线菊蚜（图2-68-1至图2-68-3）

属同翅目蚜科。又名苹果黄蚜、苹叶蚜虫。

分布与寄主

分布 全国各产区。

寄主 苹果、山楂、梨、李、杏、柑橘、木瓜等果树和林木。

危害特点 以成虫、若虫刺吸叶和嫩梢汁液，被害叶尖向背弯曲或横卷，不能再恢复正常生长，重致落叶。

形态诊断　成虫：无翅胎生雌蚜长卵圆形，体长1.6~1.7毫米，宽0.94毫米，多为黄色，有时黄绿色或绿色；头浅黑色；体表具网状纹。有翅胎生雌蚜近纺锤形，体长1.5毫米左右，翅展4.5毫米左右；头胸部、腹管尾片黑色，腹部绿色或淡绿至黄绿色；第二至四腹节两侧具大型黑缘斑。若虫：鲜黄色，无翅若蚜体肥大，有翅若蚜胸部较发达，具翅芽。卵：椭圆形，长0.5毫米，初淡黄渐至黄褐色。

发生规律　1年发生10多代，以卵在枝杈、芽旁及皮缝处越冬。翌年4月下旬越冬卵孵化，于芽、嫩梢顶端、新生叶的背面危害，10余天即发育成熟，开始进行孤雌生殖直到秋末。春季繁殖慢，多产生无翅孤雌胎生蚜；5月下旬开始出现有翅孤雌胎生蚜，并迁飞扩散；6~7月繁殖最快，虫口密度大时枝梢、叶柄、叶背布满蚜虫，危害最重，致叶片向叶背横卷，叶尖向叶背、叶柄方向弯曲。8~9月虫口密度下降，10~11月产生有性蚜交尾产卵。天敌有瓢虫、草蛉、食蚜蝇、蚜茧蜂等。

防治方法

农业防治　冬春季用硬刷子刮刷树皮裂缝，并用石灰水涂干，既消灭越冬卵，又防冻。发生初期，结合修剪剪除被害枝梢。

生物防治　保护利用天敌。

化学防治　①早春发芽前喷洒5%柴油乳剂或黏土柴油乳剂杀卵。②越冬卵孵化后及危害期，及时喷洒1%阿维菌素3000~4000倍液或52.25%蜱·氯乳油2000倍液、48%毒死蜱乳油1500倍液、50%抗蚜威可湿性粉剂2000~2500倍液、10%氯氰菊酯乳油3000倍液、43%辛·氟乳油1500倍液、2.5%氯氟氰菊酯乳油3000倍液等。③提倡使用EB-82灭蚜菌或Ec.t-107杀蚜霉素200倍液，掌握在蚜虫发生高峰前选晴天均匀喷洒。

69　芽白小卷蛾（图2-69-1，图2-69-2）

属鳞翅目卷蛾科。又名顶梢卷叶蛾、顶芽卷蛾。

分布与寄主

分布　除西藏、新疆未见报道外，其他各地均有分布。

寄主　樱桃、桃、苹果、梨、李、杏、山楂等果树芽、叶。

危害特点　幼虫危害新梢顶端，将叶卷成一团，食害新芽、嫩叶，生长点被食，新梢歪在一边，影响顶花芽形成及树冠扩大。

形态鉴别　成虫：体长6~8毫米，翅展12~15毫米，淡灰褐色；触角丝状；前翅长方形，翅面有灰黑色波状横纹，前缘有数条并列向外斜伸的白色短线，后缘外侧1/3处有1块三角形的暗色斑纹，静止时并成菱形，外缘内侧前缘至臀角间有5~6个黑褐色平行短纹；后翅淡灰褐色。卵：扁椭圆形，长0.7微米，乳白至黄白色。幼虫：体长8~10毫米，体粗短，污白或黄白色；头、前胸盾、足和臀板均黑褐色；越冬幼虫淡黄色。蛹：长6~8毫米，黄褐色，纺锤形。茧：黄白色，长椭圆形。

发生规律 黄淮地区年发生3代，山东、华北、东北2代。均以2~3龄幼虫于被害梢卷叶团内结茧越冬，少数于芽侧结茧越冬。1个卷叶团内多为1头幼虫，亦有2~3头者。寄主萌芽时越冬幼虫出蛰转移到邻近的芽危害嫩叶，将数片叶卷在一起，并吐丝缀连叶背茸毛作巢潜伏其中，取食时身体露出。经24~36天老熟于卷叶内结茧化蛹。化蛹期大体为5月中旬至6月下旬，蛹期8~10天。各代成虫发生期：2代区为6月至7月上旬，7月中下旬到8月中下旬；3代区为6月、7月、8月。成虫昼伏夜出，趋光性不强，喜食糖蜜。卵多散产于顶梢上部嫩叶背面，尤喜产于茸毛多处。卵期6~7天。初孵幼虫多在梢顶卷叶危害。末代幼虫危害到10月中下旬，在梢顶卷叶内结茧越冬。

防治方法

农业防治 冬春剪除被害梢干叶团，集中烧毁或深埋；幼虫危害季节及时摘除卷叶团，消灭其中幼虫和蛹。

化学防治 越冬幼虫出蛰盛期及第一代卵孵化盛期是施药的关键时期，可用48%哒嗪硫磷乳油或50%马拉硫磷乳油、50%杀螟硫磷乳油1000倍液、25%三氟氯氰菊酯乳油或20%氰戊菊酯乳油、2.5%溴氰菊酯乳油3000~3500倍液、52.25%蜱·氯乳油1500倍液或10%联苯菊酯乳油4000倍液。

70 艳叶夜蛾（图2-70-1至图2-70-5）

属鳞翅目夜蛾科。又名艳落叶夜蛾。

分布与寄主

分布 浙江、江苏、福建、台湾、广东、广西、湖南、湖北、四川、山西、山东、陕西、河北、河南、北京、天津、辽宁、吉林、黑龙江、内蒙古等地。

寄主 李、梨、苹果、葡萄、桃、杏、柿、柑橘、枇杷、杨梅、番茄等植物。

危害特点 成虫吸食果实汁液，尤其近成熟或成熟果实。

形态诊断 成虫：体长29~34毫米，触角丝状，前翅呈铜色，从顶角至基角及臀角各有一白色阔带，内缘上方有一条酱红色线纹，后翅浓黄色，上有黑色肾形及大形宽黑纹，外缘有6个白斑。卵：圆球形，底面平，直径约0.9毫米，卵初产时色淡黄，近孵化时渐复暗。幼虫：老熟幼虫体长约50毫米，体宽约7毫米，头宽仅约4毫米；胸足3对，腹足4对，尾足1对；头部及身体均为棕色，腹足和胸足为黑色，第一对腹足退化，外形很小；静止时头下坠尾端高翘，仅以发达的3对腹足着地。蛹：长约24毫米，宽约9毫米，褐色，外被白色丝，混和叶片包在体外。

发生规律 生活在低、中海拔山区。成虫夜晚具趋光性。幼虫寄主有木防己和千金藤等。天敌有卵寄生蜂等。

防治方法

农业防治 合理规划果园。山区和半山区发展果树时应成片大面积栽植，尽量避免混栽不同成熟期的品种或多种果树。

物理防治 ①诱杀成虫。成虫发生期利用黑光灯、高压汞灯或频振式杀虫灯等诱杀成虫或夜间人工捕杀成虫。②果实套袋。适期套袋，在套袋前喷洒一次杀虫杀菌剂。

生物防治 在7月份前后大量繁殖赤眼蜂，在果园周围释放，寄生吸果夜蛾卵粒。

化学防治 开始危害时喷洒5.7%氟氯氰菊酯乳油或10%醚菊酯乳油2000~3000倍液、或20%除虫脲悬浮剂2000~2500倍液等。此外，用香蕉或成熟果实浸药（90%晶体敌百虫100倍液）诱杀。

71 杨枯叶蛾（图2-71-1至图2-71-4）

属鳞翅目枯叶蛾科。又名柳星枯叶蛾、柳毛虫、柳枯叶蛾。

分布与寄主

分布 全国各地。

寄主 樱桃、核桃、桃、李、杏、苹果、李等果树。

危害特点 幼虫食芽和叶片，食叶成孔洞或缺刻，严重时将叶片吃光仅留叶柄。

形态诊断 成虫：体长25~40毫米，翅展40~85毫米，雄较小；全体黄褐色，腹面色浅，头胸背中央具暗色纵线一条；触角双栉齿状；前翅窄，外缘和内缘波状弧形，翅上具5条黑色波状横线，近中室端具一黑色肾形小斑；后翅宽短，外缘波状弧形，翅上有黑横线3条。卵：白色近球形，长约1.5毫米。幼虫：体长85~100毫米，灰绿色或灰褐色，生有灰长毛，腹部两侧生灰黑毛丛；中、后胸背面后缘各具一黑色刷状毛簇，中胸者大且明显；第八腹节背面中央具一黑瘤突，上生长毛；体背具黑色纵斜纹，体腹面浅黄褐色；胸、腹足俱全。蛹：椭圆形，长33~40毫米，浅黄至黄褐色。茧：长椭圆形，40~55毫米，灰白色略带黄褐色，丝质。

发生规律 东北、华北1年发生1代、华东、华中2代，均以低龄幼虫于枝干或枯叶中越冬，翌春活动，于夜晚取食嫩芽或叶片，幼虫老熟后吐丝缀叶于内结茧化蛹。1代区成虫6~7月发生，2代区5~6月和8~9月发生。成虫昼伏夜出，有趋光性，静止时似枯叶。成虫产卵于枝干或叶上，几粒或几十粒单层或双层块状。幼虫孵化后分散危害，1代区幼虫发育至2~3龄，体长30毫米左右时停止取食，爬至枝干皮缝、树洞或枯叶中越冬。2代区一代幼虫30~40天老熟结茧化蛹，羽化后继续繁殖；二代幼虫达2~3龄即越冬。一般10月陆续进入越冬状态。

防治方法

农业防治　结合冬春树体管理捕杀幼虫。

物理防治　成虫发生期利用黑光灯或高压汞灯诱杀成虫。

化学防治　幼虫出蛰后及时施药防治，可喷洒25%喹硫磷乳油或50%杀螟硫磷乳油、48%哒嗪硫磷乳油、50%马拉硫磷乳油1000倍液、52.25%蜱·氯乳油1500倍液、10%氯菊酯乳油2000~2500倍液、20%辛·氰乳油1500倍液等。

72　银杏大蚕蛾（图2-72-1至图2-72-6）

属鳞翅目大蚕蛾科。又名核桃楸天蚕蛾、白果蚕、栗天蚕。

分布与寄主

分布　东北、华北、华东、华中、华南、西南等产区。

寄主　核桃、樱桃、银杏、板栗、桃、苹果、梨、李等果树。

危害特点　幼虫取食果树的嫩芽和叶片，食叶成缺刻，重者食光叶片。

形态诊断　成虫：体长25~60毫米，翅展90~150毫米，体灰褐色或紫褐色；雌蛾触角栉齿状，雄蛾羽状；前翅内横线紫褐色，外横线暗褐色，两线近后缘处汇合，中间呈三角形浅色区，中室端部具月牙形透明斑；后翅从基部到外横线间具较宽红色区，亚缘线区橙黄色，缘线灰黄色，中室端处生一大眼状斑，斑内侧具白纹；后翅臀角处有一白色月牙形斑。卵：椭圆形，长2.2毫米左右，灰褐色，一端具黑色黑斑。幼虫：末龄幼虫体长80~110毫米；体黄绿色或青蓝色；背线黄绿色，亚背线浅黄色，气门上线青白色，气门线乳白色，气门下线、腹线处深绿色，各体节上具青白色长毛及突起的毛瘤，其上生黑褐色硬毛。蛹：长30~60毫米，污黄至深褐色。茧：长60~80毫米，黄褐色，网状。

发生规律　1年发生1~2代，辽宁、吉林年发生1代，以卵越冬。翌年5月上旬越冬卵开始孵化，5~6月进入幼虫危害盛期，重者把树上叶片吃光，6月中旬至7月上旬于树冠下部枝叶间缀叶结茧化蛹，8月中下旬羽化、交配和产卵。卵多产在树干下部1~3米处及树杈处，数十粒至百余粒块产。天敌主要有赤眼蜂、黑卵蜂、绒茧蜂、螳螂、蚂蚁等。

防治方法

农业防治　冬春季用硬刷子刷除树皮缝隙中的越冬卵减少越冬虫源。6~7月结合园内管理，人工捕捉幼虫和摘除茧蛹，喂养家禽。

化学防治　掌握雌蛾到树干上产卵、幼虫孵化盛期上树危害之前和幼虫3龄前2个有利时机，喷洒50%马拉硫磷乳油或90%晶体敌百虫1000倍液，或10%氯

菊酯乳油2000~2500倍液、10%醚菊酯悬浮剂1000~1500倍液、5%氟苯脲乳油1000~2000倍液等。

73 云斑鳃金龟（图2-73-1至图2-73-3）

属鞘翅目金龟科。又名大云鳃金龟、石纹金龟子、大理石须金龟、大理石须云斑鳃金龟等。

分布与寄主

分布 除西藏、新疆未见报道外，各地产区均有分布。

寄主 核桃、苹果、梨、杏、桃、樱桃、李等果树及旱地农作物。

危害特点 成虫食害芽和叶片，幼虫危害果树苗木的根，食性很杂。

形态诊断 成虫：长椭圆形，背面隆拱，体长28~41毫米，宽14~21毫米，体紫黑色或栗黑至褐色等，上覆各式白色或乳白色鳞片组成的云斑状白斑，斑间多零星鳞片并散布小刻点，白色鳞片群集点缀如云斑，触角鳃片状，故名云斑鳃金龟。卵：椭圆形，3. 5~4毫米×2. 5~3毫米，乳白色。幼虫：俗称蛴螬，体长60~70毫米，头宽9. 8~10. 5毫米，体乳白色，头部黄褐色，臀节腹面刺毛列由10~12根短锥状刺毛组成，排列整齐。蛹：体长49~53毫米，初乳白渐变棕褐色或黑褐色。

发生规律 3~4年1代，以幼虫在20~50厘米深土层中越冬。翌年5月上升到10~20厘米浅土层中危害，老熟幼虫于5月下旬在土中筑蛹室化蛹。蛹期15天，6月中旬成虫始羽化出土上树，7月羽化盛期。成虫昼伏夜出。雄成虫趋光性强，能发出“吱、吱”鸣声，其作用是引诱雌虫进行交配。成虫产卵历期20~25天，卵散产在未腐熟的农家肥中或10~30厘米土层中，卵期约20天，幼虫期1360天。幼虫喜欢生活在沙土和砂壤土及未腐熟的农家肥中，危害植物地下幼根。果树幼苗根部受害重。

防治方法

农业防治 重点是抓好幼虫的防治，春秋季园内外土地深耕，并随犁拾虫消灭；避免施用未腐熟的农家肥，减少虫产卵；在发生严重果园，合理控制灌溉，促使幼虫向土层深处转移，避开果树苗木最易受害时期。

物理防治 利用黑光灯诱杀雄成虫。

化学防治 ①土壤处理。用50%辛硫磷乳油每667平方米200~250克，加水10倍喷于25~30千克细土上拌匀成毒土，或用10%辛硫磷颗粒剂1. 5~2. 5千克加细土拌匀，撒于地面，随即耕翻。②农家肥处理。按5立方米农家肥均匀拌入5%辛硫磷颗粒剂2. 5~3千克的比例处理农家肥，可大量杀死其中的幼虫。③树上施药。成虫发生期叶面喷洒52. 25%蜱·氯乳油或50%杀螟硫磷乳油、45%马拉硫磷乳油1500倍液、48%毒死蜱乳油或20%甲氰菊酯乳油1500~2000倍液等。

74 枣刺蛾（图2-74-1至图2-74-4）

属鳞翅目刺蛾科。又名枣奕刺蛾。

分布与寄主

分布 华北、黄淮、华东等产区。

寄主 枣、柿、梨、苹果、山楂、杏、核桃、李等果树。

危害特点 低龄幼虫取食叶肉，仅留表皮，虫龄稍大即取食全叶。

形态诊断 成虫：雌成虫翅展29~33毫米，触角丝状；雄成虫翅展28~31.5毫米，触角短双栉齿状。全体褐色，胸背中间鳞毛红褐色；腹部背面各节有似“人”字形的褐红色鳞毛；前翅基部褐色，中部黄褐色，近外缘处有2块似菱形的斑纹彼此连接，靠前一块褐色，后边一块红褐色；后翅灰褐色。卵：椭圆形，长1.2~2.2毫米，鲜黄色。幼虫：体长20~25毫米，淡黄至黄绿色，背面的蓝色斑，连接成近椭圆形斑纹；体背有6对红色长枝刺，其中胸部3对、体中部1对、腹末2对；体两侧各节上有红色短刺毛丛1对。蛹：椭圆形，长12~13毫米，初黄色渐变为褐色。茧：长11~14.5毫米，椭圆形，土灰褐色。

发生规律 1年发生1代，以老熟幼虫在树干根部土内7~9厘米深处结茧越冬。翌年6月下旬成虫羽化，7月上旬幼虫孵化，7月下旬至8月中旬危害重，8月下旬幼虫逐渐老熟，下树入土结茧越冬。成虫昼伏夜出，有趋光性。卵产于叶背成片排列，幼虫孵化后即分散至叶背面危害。

防治方法

农业防治 冬春季深翻园地，利用低温冻害和鸟食消灭土中越冬茧。

生物防治 秋冬季摘虫茧，放入细纱笼内，保护和引放寄生蜂。低龄幼虫期每667平方米用每克含孢子100亿的白僵菌粉0.5~1千克，在雨湿条件下喷雾防治效果好。

化学防治 卵孵化盛期至幼虫危害初期喷洒90%晶体敌百虫或40%马拉硫磷乳油1200倍液、25%灭幼脲悬浮剂1500倍液、20%除虫脲悬浮剂3000~4000倍液、1.8%阿维菌素2000~3000倍液、20%抑食肼可湿性粉剂800~1000倍液、20%虫酰肼悬浮剂1000~1500倍液、2.5%溴氰菊酯乳油3000~4000倍液、10%乙氰菊酯乳油2000倍液等。

75 嘴壶夜蛾（图2-75-1至图2-75-4）

属鳞翅目夜蛾科。又名桃黄褐夜蛾、小鸟嘴壶夜蛾。

分布与寄主

分布 全国各产区。

寄主　李、桃、梨、苹果、柑橘、葡萄、龙眼等果树及木防己植物。

危害特点　成虫吸食成熟或近成熟果实果汁，被害果出现针头大小孔洞，致果实变色凹陷、糜烂脱落。

形态诊断　成虫：体长16~19毫米，翅展34~40毫米，头部淡红褐色，胸腹部褐色；前翅棕褐色，外缘中部外突成一角，顶角至后缘中部有一深色斜线，翅上具一肾状纹和一三角形的红褐色斑；后翅黄褐色，缘毛黄白色。卵：扁圆形长约0.8毫米，初黄白渐变为灰黑色。幼虫：体长37~46毫米，尺蠖型，漆黑色，背面两侧各有黄、白、红色斑一列。蛹：长17~19毫米，红褐至暗褐色。

发生规律　1年发生4~6代，世代重叠。以幼虫在树下杂草丛或土缝中越冬。5月份成虫出现，先危害早熟水果桃、樱桃等；7月后增多，9月下旬至10月下旬盛发，11月下旬后虫口密度渐小。成虫昼伏夜出，趋光性弱，嗜食糖液，略具假死性，闷热无风的夜晚蛾量多；成虫卵散产于木防己的叶背，孵化后在其上取食。

防治方法

农业防治　铲除或用除草剂清除果园周围夜蛾幼虫寄主木防己，断绝其食料。果实套袋，在生理落果后进行。用香茅油或小叶桉油驱避成虫，方法是：用吸水性强的草纸片浸油，每株树于傍晚挂1片，翌晨收回，第二天再补加油挂上。

物理防治　用黑光灯或糖醋液诱杀成虫。

化学防治　在成虫发生前期可以喷洒低毒的菊酯类或植物源类农药烟碱、苦参碱等。近成熟期为避免农药残留一般不再用药。

76 斑衣蜡蝉（图2-76-1至图2-76-8）

属同翅目蜡蝉科。又名椿皮蜡蝉、斑衣、樗鸡、红娘子等。

分布与寄主

分布　全国多数产区。

寄主　李、柿、桃、杏、石榴、枣、核桃、香椿等植物。

危害特点　成虫、若虫刺吸枝、叶汁液，排泄物常诱发煤污病，削弱树势，严重时引起茎皮枯裂，甚至死亡。

形态诊断　成虫：体长15~20毫米，翅展39~56毫米，雄较雌小，基色暗灰泛红，体翅上常覆白蜡粉；头顶向上翘起呈短角状，触角刚毛状红色；前翅革质，基部2/3淡灰褐色，散生20余个黑点，端部1/3暗褐色，脉纹纵向整齐；后翅基部1/3红色，上有6~10个黑褐斑点，中部白色半透明，端部黑色。卵：长椭圆形，长3毫米左右，状似麦粒。若虫：体扁平，头尖长，足长；1~3龄体黑色，布许多白色斑点；4龄体背面红色，布黑色斑纹和白点；末龄体长6.5~7毫米。

发生规律　1年发生1代，以卵块于枝干上越冬。翌年4~5月孵化。若虫喜群集嫩茎和叶背危害，若虫期约90天，6月下旬至7月羽化。9月交尾产卵，多产在枝杈处的阴面，每块有卵数十粒，卵粒排列成行，上覆灰色土状分泌物。成虫、若虫均有群集性，较活泼、善跳跃，受惊扰即跳离，成虫则以跳助飞。白天活动危害。成虫寿命达4个月，危害至10月下旬陆续死亡。

防治方法

农业防治　冬春季卵块极好辨认，用硬物挤压卵块消灭。

化学防治　可喷洒无公害生产允许使用的菊酯类、有机磷等及其复配药剂，常用浓度均有较好效果。由于若虫被有蜡粉，所用药液中混用含油量0.3%~0.4%的柴油乳剂或黏土柴油乳剂，可显著提高防效。

77　柿广翅蜡蝉（图2-77-1至图2-77-4）

属同翅目广翅蜡蝉科。

分布与寄主

分布　全国产区。

寄主　柿、山楂、梨、苹果、桃、李、板栗、柑橘等果树。

危害特点　成虫、若虫群集嫩枝、芽、叶背上刺吸汁液；成虫产卵于当年生枝条内。影响枝条生长和叶片光合作用，重者造成产卵部以上枯枝、落叶、落果。

形态诊断　成虫：体长8.5~10毫米，翅展24~36毫米；头、胸背面及腹面深褐色，腹部基部黄褐色；前翅宽阔多纵脉，烟褐色，前缘外1/3处有一个三角形或半圆形透明斑；后翅为暗褐色，半透明。卵：长卵形，长0.8~1.2毫米，乳白色。若虫：体长3~6毫米，略呈钝菱形，翅芽处最宽，疏被白色蜡粉；腹部末端有10条白色绵毛状蜡丝，呈扇状伸出，蜡丝长6~15毫米，常可作孔雀开屏状，向上直立或伸向后方，保护身体；1~4龄若虫白色；5龄若虫中胸背板及腹背面为灰黑色，头、胸、腹、足均为白色，中胸背板有3个白斑，斑中有1个小黑点，呈倒“品”字形排列。

发生规律　南方1年发生2代，以卵于当年生枝条内越冬。越冬卵4月上旬孵化，4月中旬至6月上旬若虫盛发，6月下旬至8月上旬成虫发生，7月中旬至8月中旬产卵。第一代若虫盛发期在8~9月，成虫发生期在9~10月，产卵期在9月上旬至10月下旬。低龄若虫群集危害，稍大后分散，白天活动。成虫羽化初期体白色渐变为黑褐色，飞行能力强善跳跃，产卵于当年生直径3~6毫米嫩枝背面光滑处及叶柄、果柄、叶背叶脉的皮层内，产卵孔外带出部分木丝并覆有白色绵毛状蜡丝。成虫寿命50~70天，危害至秋后陆续死亡。

防治方法

农业防治　冬春季剪除被害产卵枝，并清除果园杂草和四周的杂灌，集中

烧毁，以减少虫源。

化学防治　在两代低龄若虫发生危害期，喷洒48%哒嗪硫磷乳油1000倍液或10%吡虫啉可湿性粉剂3000～5000倍液、10%氯菊酯乳油2000～2500倍液、2%氟丙菊酯乳油1500～2000倍液等。药液中加入含油量0.3%～0.4%的柴油乳剂或黏土柴油乳剂，可溶解虫体蜡粉显著提高防效。

78　阔胫赤绒金龟（图2-78-1至图2-78-4）

属鞘翅目鳃金龟科。又名阔胫鳃金龟。

分布与寄主

分布　东北、华北、黄淮等产区。

寄主　枣、樱桃、李、苹果、梨等果树。

危害特点　主要以成虫食害果树的蕾花、嫩芽和叶。

形态诊断　成虫体长约8毫米。全体赤褐色有光泽，密生绒毛。鞘翅布满纵列隆起纹。

发生规律　1年发生1代，以成虫在土中越冬。6月在果树根系周围土中产卵。成虫有假死性和趋光性，昼伏夜出，晚上取食危害。天敌有：红尾伯劳、灰山椒鸟、黄鹂等益鸟和朝鲜小庭虎甲、深山虎甲、粗尾拟地甲及寄生蜂、寄生蝇、寄生菌等。

防治方法　此虫虫源来自多方面，特别是荒地虫量最多，故应以消灭成虫为主。

农业防治　早、晚张网震落成虫，捕杀之。

生物防治　保护利用天敌。

化学防治　①地面施药，控制潜土成虫。于早晨成虫入土后或傍晚成虫出土前，地面撒施5%辛硫磷颗粒剂每667平方米3千克，或每667平方米用50%辛硫磷乳油0.3～0.4千克加细土30～40千克拌成的毒土撒施；或50%辛硫磷乳油500～600倍液均匀喷于地面。使用辛硫磷后及时浅耙，提高防效。②树上施药。成虫发生期，喷洒52.25%蜱·氯乳油或50%杀螟硫磷乳油、45%马拉硫磷乳油、48%毒死蜱乳油1500倍液、2.5%溴氰菊酯乳油2000～3000倍液、10%醚菊酯乳油800～1000倍液等。

79　黑蝉（图2-79-1至图2-79-8）

属同翅目蝉科。又名蚱蝉，俗名蚂吱嘹、知了、蜘蟟。

分布与寄主

分布　全国各产区。

寄主　山楂、柿、枣、桃、梨、杏、李、石榴、苹果、核桃、板栗、柑橘等上百种果树和林木。

危害特点　成虫刺吸枝条汁液，并产卵于一年生枝条木质部内，造成枝条枯萎而死。若虫生活在土中，刺吸根部汁液，削弱树势。

形态诊断　成虫：雌体长40~44毫米，翅展122~125毫米；雄体长43~48毫米，翅展120~130毫米；体黑色有光泽，被金色绒毛；中胸背板宽大，中间高并具有“×”形隆起；翅透明；雄虫腹部有鸣器，作“吱”声长鸣，雌虫则无，但有听器。卵：长椭圆形，2.5毫米×0.5毫米，白色。若虫：初孵乳白色，渐至黄褐色，体长30~37毫米；前足开掘式，能爬行。

发生规律　经4~5年完成1代，以卵于被害树枝内及若虫于土中越冬。越冬卵于翌年春孵化，若虫孵化后，潜入土壤中50~80厘米深处，吸食树木根部汁液，在土中生活12~13年。若虫老熟后于6~8月出土羽化，羽化盛期为7月。若虫于夜间出土，高峰时间为20：00~24：00时，出土后不久即羽化为成虫。成虫寿命60~70天，栖息于树枝上，夜间有趋光扑火的习性，白天“吱吱”鸣叫之声不绝于耳。产卵于当年生嫩梢木质部内，产卵带长达30厘米左右，产卵伤口深及木质部，受害枝条干缩翘裂并枯萎。

防治方法

农业防治　利用若虫出土附在树干上羽化的习性和若虫可食的特点，发动群众于夜晚捕捉食用。成虫发生期于夜间在园内、外堆草点火，同时摇动树干诱使成虫扑火自焚。在雌虫产卵期，及时剪除产卵萎蔫枝梢，集中烧毁。

化学防治　产卵后入土前，喷洒40%辛硫磷乳油或45%马拉硫磷乳油、50%丙硫磷乳油1000倍液、2.5%溴氰菊酯乳油或10%氯菊酯乳油2000倍液等。

80　草履蚧（图2-80-1至图2-80-8）

属同翅目绵蚧科。又名柿草履蚧、草履硕蚧、草鞋介壳虫。

分布与寄主

分布　全国各产区。

寄主　李、山楂、柿、桃、樱桃、杏、石榴、苹果、柑橘等果树、林木。

危害特点　若虫和雌成虫刺吸嫩枝芽、叶、枝干和根的汁液，削弱树势，重者致树枯死。

形态诊断　成虫：雌体长10毫米，扁平椭圆，背面隆起似草鞋，体背淡灰紫色，周缘淡黄，体被白蜡粉和许多微毛；触角黑色丝状；腹部8节，腹部有横皱褶和纵沟；雄体长5~6毫米，翅展9~11毫米，头胸黑色，腹部深紫红色，触角黑色念珠状；前翅紫黑至黑色，后翅特化为平衡棒。卵：椭圆形，长1~1.2毫米，淡黄褐色，卵囊长椭圆形，白色绵状。若虫：体形与雌成虫相似，体小色深。雄蛹：褐色，圆筒形，长5~6毫米。

发生规律 1年发生1代，以卵和若虫在土缝、石块下或10~12厘米土层中越冬。卵于2月至3月上旬孵化为若虫并出土上树，初多于嫩枝、幼芽上危害，行动迟缓，喜于皮缝、枝杈等隐蔽处群栖，稍大喜于较粗的枝条阴面群集危害；雌若虫5月中旬至6月上旬羽化，危害至6月陆续下树入土分泌卵囊，产卵于其中，以卵越夏越冬。天敌有红环瓢虫、暗红瓢虫等。

防治方法

农业防治 雌成虫下树产卵前，在树干基部挖坑，内放杂草等诱集产卵，后集中处理。阻止初龄若虫上树。若虫上树前将树干老翘皮刮除10厘米宽1周，上涂胶或废机油，隔10~15天涂1次，涂2~3次，注意及时清除环下的若虫。树干光滑者可直接涂。

生物防治 保护利用自然天敌。

化学防治 若虫发生期喷洒48%哒嗪硫磷乳油1500倍液或50%辛硫磷乳油1000倍液、2.5%溴氰菊酯乳油2000倍液、5%顺式氰戊菊酯乳油2000~3000倍液。隔7~10天1次，连续防治3~4次。

81 桑白蚧（图2-81-1至图2-81-4）

属同翅目盾蚧科。又名桑盾蚧、桑介壳虫、桑蚧、桃介壳虫。

分布与寄主

分布 全国各产区。

寄主 樱桃、柿、桃、杏、李等果树。

危害特点 若虫和雌成虫群集在枝干上刺吸汁液，被害枝条被虫体覆盖呈灰白色，也危害果、叶。削弱树势，重者致树枯死。

形态诊断 成虫：雌虫无翅，体长0.9~1.2毫米，淡黄色至橙黄色；介壳近圆形，直径2~2.5毫米，灰白色至黄褐色；雄虫只有1对灰白色前翅，体长0.6~0.7毫米，翅展约1.8毫米；介壳白色细长，长1.2~1.5毫米。卵：椭圆形，橘红色。若虫：淡黄褐色，扁椭圆形，常分泌绵毛状物盖在体上。蛹：仅雄虫有，长椭圆形，长约0.7毫米，橙黄色。

发生规律 1年发生2~5代，北方2代，浙江3代，广东5代，均以受精雌成虫在2年生以上的枝条上群集越冬。翌春果树萌芽时，越冬成虫开始危害，4月下旬至5月中旬产卵，5月中下旬初孵若虫分散爬行到枝条背阴处取食，并固贴在枝条上分泌绵毛状蜡丝，形成介壳，第1代若虫期40~50天，6月下旬至7月上中旬第一代成虫羽化，成虫继续产卵于介壳下，卵期10天左右。第二代若虫发生在8月，若虫期30~40天，9月出现雄成虫，雌虫危害至9月下旬后越冬。天敌主要有红点唇瓢虫等。

防治方法

农业防治　冬春季枝条上的雌虫介壳很明显，可用硬毛刷等刷掉越冬雌虫或剪除虫体较多的辅养枝，刷后用石灰水涂干。

化学防治　①冬前及春季果树发芽前，用5~7波美度石硫合剂涂刷枝条或喷雾，或用5%柴油乳剂或99%绿颖乳油（机油乳剂）50~80倍液喷雾消灭越冬雌成虫。②5月中下旬若虫孵化期，用48%哒嗪硫磷乳油或52. 25%蜱·氯乳油、10%氯氰菊酯乳油2000倍液、25%噻嗪酮可湿性粉剂1000~1500倍液、50%杀螟硫磷乳油1000倍液等喷雾。

82　杏球坚蚧（图2-82-1，图2-82-2）

属同翅目蜡蚧科。又名朝鲜球蚧、朝鲜球坚蜡蚧、朝鲜毛坚蚧、杏毛球坚蚧、桃球坚蚧。

分布与寄主

分布　各产区均有分布。

寄主　樱桃、杏、桃、李、苹果、梨等果树。

危害特点　以若虫和雌成虫危害枝条为主，初孵若虫也危害叶片和果实，吸食寄主汁液，致被害树生长不良，树势衰弱。

形态诊断　成虫：雌成虫无翅，介壳半球形，质硬，呈红褐至紫褐色，表面有明显皱纹；横径约4. 5毫米，高约3. 5毫米；雄成虫有翅1对，透明；头部赤褐色，腹部淡褐色，末端有1对尾毛和1根性刺；介壳长椭圆形，背面有龟甲状隆起。卵：椭圆形，长约0. 3毫米，橙黄色。若虫：长椭圆形，初孵化时红色，越冬若虫椭圆形背上有龟甲状纹，浓褐色。蛹：仅雄虫有裸蛹，长约1. 8毫米，赤褐色，蛹外包被长椭圆形茧。

发生规律　1年发生1代，以2龄若虫群集在枝条裂缝和芽痕处越冬。翌年3月上旬开始危害，4月中旬雌雄性别分化，雄虫做茧化蛹，雌虫继续危害。4月下旬至5月上旬雄成虫羽化交尾后死亡。5月中旬雌虫产卵于介壳下面，5月下旬至6月上旬若虫孵化危害，以2年生枝上居多，虫体上常分泌白色蜡质绒毛。10月中旬后，若虫转移到芽痕和大枝的缝隙处，以2龄若虫在其分泌的蜡质物下越冬。

防治方法

农业防治　在成虫产卵前，用抹布或戴上硬质手套将枝条上的雌虫介壳捋掉。

化学防治　①果树发芽前防治越冬若虫，干枝上喷洒5波美度石硫合剂或合成洗衣粉200倍液、5%柴油乳剂、或99%绿颖乳油（机油乳剂）50~80倍液。②5月下旬至6月上旬若虫孵化期，喷洒90%晶体敌百虫1000倍液或合成洗衣粉300

倍液、48%哒嗪硫磷乳油2000倍液、52.25%蜱·氯乳油2000倍液、25%噻嗪酮可湿性粉剂1000倍液等。

83 桃小蠹（图2-83-1至图2-83-4）

属鞘翅目小蠹科。又名多毛小蠹。

分布与寄主

分布 长江以北产区。

寄主 桃、樱桃、杏、李、梨等果树。

危害特点 成虫、幼虫蛀食枝、干韧皮部和木质部，蛀道于其间。母坑道单纵向长约4厘米，子坑道密集于母坑道两则，长4~5厘米。常造成枝干枯死。

形态诊断 成虫：体长2.7~4.5毫米，体黑色，鞘翅暗褐色有光泽，头短小，触角锤状，体密布细刻点，鞘翅上有较浅的纵刻点列，腹部末端腹面斜截形；雄虫第7背板有1对大刚毛。卵：圆形乳白色，长约1毫米。幼虫：体长4~5毫米，乳白色，略向腹面弯，无足，头较小黄褐色。蛹：长2.7~4.5毫米，乳白至黑色。

发生规律 1年发生1代，以幼虫在坑道内越冬。翌春老熟于子坑道端并蛀圆筒形蛹室化蛹。羽化后咬圆形羽化孔爬出。6月间成虫出现并交配，多选择衰弱的枝干上蛀入皮层，在韧皮部与木质部间蛀纵向母坑道，并产卵于母坑道两侧。孵化后的幼虫分别在母坑道两侧横向蛀子坑道，略呈“非”字形，初期互不相扰近于平行，随虫体增长，坑道弯曲混乱交错。加速枝干死亡。秋后以幼虫于坑道端越冬。

防治方法

农业防治 加强管理，增强树势；彻底剪除有虫枝和衰弱枝，集中处理；成虫出树前，田间放置半枯死或整枝剪掉的树枝，诱集成虫产卵，产卵后集中处理，均可减少发生与危害。

化学防治 ①成虫羽化初期，枝干上涂刷高效低毒杀虫剂，如50%马拉硫磷乳油或菊酯类药剂200~300倍液，触杀成虫效果良好。②成虫出树后产卵前，树上喷洒50%辛硫磷乳油1000倍液、50%马拉硫磷乳油或20%氰戊菊酯乳油2000倍液，毒杀成虫效果良好。枝干涂药或喷雾均隔15天1次，连续2~3次即可。

84 桃红颈天牛（图2-84-1至图2-84-5）

属鞘翅目天牛科。又名红颈天牛、铁炮虫、哈虫。

分布与寄主

分布 全国多数产区。

寄主　柿、桃、杏、樱桃、苹果、柑橘、李等果树。

危害特点　幼虫于韧皮部和木质部间蛀食，向下蛀弯曲隧道，内有粪屑，长达50~60厘米，隔一定距离向外蛀一排粪孔，致树势衰弱或枯死。

形态诊断　成虫：体长28~37毫米，体黑蓝有光泽，触角丝状11节，超过体长，前胸中部棕红色，背面具瘤状突起4个，侧刺突端尖锐，鞘翅基部宽于胸部，后端略窄，表面光滑。卵：长椭圆形，长6~7毫米，乳白色。幼虫：体长42~50毫米，黄白色，前胸背板横长方形，前半部横列黄褐色斑块4个，背面2个横长方形；后半部色淡有纵皱纹。蛹：长26~36毫米，淡黄白至黑色。

发生规律　2~3年1代，以各龄幼虫越冬。寄主萌动后开始危害。成虫发生期南方5月下旬、北方7月上中旬至8月中旬盛发。成虫羽化后3~5天即产卵于距地面35厘米以内树皮裂缝中，卵期7~9天。幼虫孵化后先蛀入韧皮部与木质部之间危害，虫体长大后才蛀入木质部危害，多由上向下蛀食成30~60厘米长的弯曲隧道，可达主根分叉处，隔一定距离向外蛀一排粪孔，粪屑堆积地面或枝干上。幼虫期23~35个月，经2~3个冬天始老熟化蛹，蛹期17~30天。天敌有肿腿蜂等。

防治方法

农业防治　成虫发生期白天捕杀成虫；幼虫孵化后检查枝干，发现新排粪孔时，用铁丝刺到隧道底部，上下反复几次，刺杀幼虫；及时清除死树和死枝，消灭虫源。在树干上涂刷石灰硫黄混合涂白剂（生石灰10份、硫黄1份、水40份），防止成虫产卵。

生物防治　保护利用天敌。

化学防治　6~9月发现排粪孔后，初期可用50%丙硫磷乳油10~20倍液涂抹排粪孔；防治晚时可先清除其中的粪便、木屑，然后塞入蘸有40%辛硫磷乳油10~20倍液的棉球或药泥，杀虫效果均良好。

85　粒肩天牛（图2-85-1至图2-85-6）

属鞘翅目天牛科。又名桑天牛、桑黑天牛等。

分布与寄主

分布　全国各产区。

寄主　苹果、山楂、核桃、梨、李、柑橘、杏、无花果等果树。

危害特点　成虫食害嫩枝皮和叶；幼虫于枝干的皮下和木质部内蛀食，削弱树势，重者致树枯死。

形态诊断　成虫：体长26~51毫米，宽8~16毫米，黄褐色至浅褐色，密被青棕或棕黄色绒毛；触角丝状；前胸背板具不规则的横皱，侧刺突粗壮；鞘翅基部密布黑色光亮的颗粒状突起，占全翅长的1/4~1/3，翅端内、外角均呈刺状突出。卵：长椭圆形，长6~7毫米，初乳白渐变淡褐色。幼虫：体长60~80毫米，圆筒形，乳白色；头黄褐色，大部缩在前胸内；腹部13节，无足，背板上密生黄褐色刚毛，后半部生赤褐色颗粒状小点并有“小”字形凹纹。蛹：长30~50毫米，纺锤形，初淡黄渐变黄褐色。

发生规律　北方2~3年1代，广东1年1代，以幼虫在枝干内越冬，寄主萌动后开始危害，落叶后休眠越冬。北方地区，幼虫经过2~3个冬天，于6~7月间老熟后在隧道内化蛹，7~8月间羽化后从羽化孔钻出。成虫昼伏夜出，卵多产于2~4年生、直径10~20毫米枝条的中下部的上方，产卵前先将表皮咬成“U”形伤口，然后产卵于其中。单雌产卵期达40余天。卵期10~15天，孵化后先于韧皮部和木质部间蛀食，然后蛀入木质部内向下蛀食并至髓部。隔一定距离向外蛀一通气排粪屑孔，排出大量粪屑，低龄幼虫粪便红褐色细绳状，大龄幼虫的粪便为锯屑状。幼虫一生蛀隧道长达2米左右，隧道内无粪便与木屑。

防治方法

农业防治　冬春季彻底剪除虫枝，集中处理；成虫发生期及时捕杀成虫，消灭在产卵之前；成虫产卵盛期后于产卵伤口处挖卵和初龄幼虫；用细铁丝从新鲜排粪孔处插入刺杀虫道内的幼虫。

化学防治　卵孵化盛期和初龄幼虫期为施药关键期，①药剂涂产卵槽。用90%晶体敌百虫或80%敌敌畏乳油、50%杀螟硫磷乳油、20%甲氰菊酯乳油、50%吡虫啉乳油等30~50倍液，涂抹产卵刻槽杀虫效果很好。②虫孔注药液。用50%辛硫磷乳油10~20倍液或上述药液从新鲜排粪孔注入，毒杀新蛀入幼虫，每孔最多注10毫升，然后用湿泥封孔。③树冠喷药。成虫发生期喷洒20%醚菊酯乳油1000倍液及上述药液，使用浓度严格按标准要求进行，注意枝干上要全部着药。

86　梨金缘吉丁虫（图2-86-1至图2-86-3）

属鞘翅目吉丁虫科。又名翡翠吉丁、褐绿吉丁、金背吉丁。

分布与寄主

分布　全国各产区。

寄主　枣、桃、梨、苹果、山楂、李等果树。

危害特点　以幼虫蛀食枝干树皮及木质部，幼虫蛀道在韧皮部和木质部之间，蛀道内充满褐色虫粪和木屑，被害处树皮变黑，内部组织变褐。

形态诊断　成虫：体长13~17毫米，身体稍扁，翠绿色，具金属光泽，前胸背板及鞘翅外缘红色；前胸背板密布刻点；小盾片扁梯形；鞘翅上有由10余条蓝黑色断续的纵纹组成的纵沟；鞘翅端部锯齿状；雌虫腹部末端钝圆，雄虫稍尖。卵：椭圆形，长约2毫米，初乳白渐变为黄褐色。幼虫：老熟幼虫体长30~

36毫米，扁平，乳白色至黄白色；头小，暗褐色；前胸膨大，背板中央有一个“人”字形凹纹；腹部10节，分节明显。蛹：体长15~20毫米，初乳白色渐变为紫绿色，有光泽。

发生规律 1~2年发生1代，江西、湖北、江苏等地1年发生1代，华北2年发生1代，均以不同龄期的幼虫在被害枝干的蛀道内越冬，越冬部位多在外皮层。翌春果树萌芽期，幼虫开始活动，老熟后在蛀道内化蛹。约在4月下旬羽化为成虫。成虫羽化后暂不出洞，5月中旬向外咬一扁形羽化孔爬出，一直延续到7月上旬。成虫白天取食叶片补充营养，早晚静伏叶上，遇惊扰下坠落地，有假死习性。成虫产卵期约10天，产卵于树干皮缝和伤口处，一处产卵2~3粒。单雌产卵20~40粒。5月下旬为产卵盛期，6月上旬为幼虫孵化盛期。初孵幼虫先在皮层处取食，随虫龄增大逐渐向形成层串食，蛀道不规则，到秋后幼虫蛀入木质部，在此越冬。待蛀道绕枝干一周后，致整株（枝）枯死。

防治方法

农业防治 ①加强栽培管理，减少树体伤口，以减少成虫产卵条件，降低危害。②根据幼树被害处凹陷变黑、易被识别的特点，常检查并及时用刀将皮层的幼虫挖除。

化学防治 在成虫羽化后出洞前，在枝干上喷洒50%辛硫磷乳油800倍液或90%晶体敌百虫600倍液；在成虫出洞后，喷洒2%阿维菌素乳油1000倍液或50%杀螟硫磷乳油1200倍液、40.7%毒死蜱乳油2000倍液；在6~7月幼虫孵化期，结合人工刮除幼虫，在树干上涂抹52.25%蜱·氯乳油100倍液或3%氯氰菊酯乳油200倍液、50%马拉硫磷乳油150倍液等。

87 六星吉丁虫（图2-87-1至图2-87-3）

属鞘翅目吉丁虫科。又名六星金蛀甲、六斑吉丁虫、溜皮虫、串皮虫。

分布与寄主

分布 除西藏、新疆未见报道外，其他各地均有分布。

寄主 枣、苹果、桃、樱桃、枇杷等果树。

危害特点 幼虫蛀食枝干皮层及木质部，在枝干皮层内盘旋，使木质部与韧皮部内外分离。被害部表皮变成褐色，稍凹陷，常流出红褐色树液，皮层干裂枯死。严重时整株枯死。成虫食叶成缺刻或孔洞。

形态诊断 成虫：体长11~14毫米，宽约5毫米，头、前胸背板、鞘翅赤铜色具紫红色闪光；触角11节；小盾片三角形；鞘翅上有4条光洁的纵脊，鞘缝隆起光洁；翅基、翅中央约2/3处各有一凹陷的金斑，具赤铜色闪光；鞘翅端钝圆，侧缘2/5处至端部呈不规则的锯齿状，腹面铜绿色至赤铜色。卵：乳白色，椭圆形。幼虫：体长16~26毫米，体扁头小，腹部白色，第一节特别膨大，中央有黄褐色“人”形纹，第三、四节短小，以后各节比三、四节大。蛹：乳白色。

发生规律 年发生1代，以幼虫在木质部内越冬。5月中下旬羽化，中午觅偶交尾。卵多产在主干分杈和树皮裂缝中，卵期20天左右。6月下旬至7月初幼虫孵化，幼虫蛀食树干韧皮部，至8月下旬进入木质部约15毫米深，幼虫期270天左右。成虫也咬食枝叶，补充营养。天敌有啄木鸟、寄生蜂等。

防治方法

农业防治 加强综合管理，增强树势，避免产生伤口和日灼；成虫羽化前及时清除死树、枯枝消灭其中虫体，减少虫源；成虫发生期于清晨在树下铺塑料膜，震落成虫集中捕杀之，隔3~5天震一次效果较好。

生物防治 保护利用天敌。

化学防治 成虫羽化初期枝干上涂刷辛硫磷乳油、马拉硫磷乳油或菊酯类药剂或其复配药剂200~300倍液，触杀效果良好，隔15天涂1次，连涂2~3次。成虫出树后产卵前喷洒48%毒死蜱乳油或50%杀螟硫磷乳油1000倍液、10%氯氰菊酯乳油或52.25%蜱·氯乳油1500倍液等。

88 碧蛾蜡蝉（图2-88-1至图2-88-3）

属同翅目蛾蜡蝉科。又名碧蜡蝉、黄翅羽衣、橘白蜡虫。

分布与寄主

分布 全国各李产区。

寄主 柿、杏、苹果、无花果、柑橘、李等果树。

危害特点 以成虫、若虫刺吸寄主植物茎、枝、叶的汁液，严重时茎、枝和叶上布满白色蜡质，致使树势衰弱，造成落花落果。

形态诊断 成虫：体长7毫米，翅展21毫米，黄绿色；复眼黑褐色；前胸背板短，背板上有2条褐色纵带；中胸背板长，上有3条平行纵脊及2条淡褐色纵带；腹部浅黄褐色，覆白粉；前翅宽阔，外缘平直，翅脉黄色，红色细纹绕过顶角经外缘伸至后缘爪片末端；后翅灰白色，翅脉淡黄褐色；静息时，翅常纵叠成屋脊状。卵：纺锤形，长1毫米，乳白色。若虫：老熟若虫体长8毫米，体扁平，绿色，全身覆以白色棉絮状蜡粉，腹末附白色长的绵状蜡丝。

发生规律 年发生1~2代。以卵在枯枝中越冬，翌年5月上中旬孵化，7~8月若虫老熟，羽化为成虫，至9月受精雌成虫产卵于小枯枝表面和木质部。广西等地年发生2代，以卵越冬，也有以成虫越冬的。第一代成虫6~7月发生，第二代成虫10月下旬至11月发生。一般若虫发生期3~11个月。

防治方法

农业防治 加强果园管理，改善通风透光条件，增强树势。冬春季剪去枯枝，消灭其内越冬卵；幼虫发生期出现白色棉絮状物时，用木杆触动使若虫落地捕杀之。

化学防治 在若虫孵化盛期喷洒50%杀螟硫磷乳油或90%晶体敌百虫、50%辛硫磷乳油、50%马拉硫磷乳油等1000倍液；10%醚菊酯乳油、20%乙氰菊酯乳油2000倍液等。

89 芳香木蠹蛾（图2-89-1至图2-89-3）

属鳞翅目木蠹蛾科。又名杨木蠹蛾、红哈虫。

分布与寄主

分布 东北、华北、西北等地。

寄主 核桃、苹果、梨、桃、杏、李等果树。

危害特点 幼龄幼虫蛀食根颈处皮层，大龄幼虫可蛀食木质部。受害轻者树势衰弱，重者导致几十年生大树死亡。

形态诊断 成虫：全体灰褐色，腹背略暗；体长30毫米左右，翅展56~80毫米，雌蛾大于雄蛾；触角栉齿状；前翅灰白色，前缘灰褐色，密布褐色波状横纹，由后缘角至前缘有一条粗大明显的波纹。卵：初白色渐变至暗褐色，近卵圆形，1.5毫米×1.0毫米。幼虫：扁圆筒形，成龄体长56~80毫米，胸部背面红色或紫茄色，有光泽，腹面淡红或黄色；头部紫黑色，有不规则的细纹，前胸背板生有大型紫褐色斑纹一对。

发生规律 河南、陕西、山西、北京等地2年1代，青海西宁3年1代。以幼虫在被害树木的蛀道内和树干基部附近的土内越冬。越冬幼虫于4~5月化蛹，6~7月羽化为成虫。成虫昼伏夜出，有趋光性。卵多块产于树干基部1.5厘米以下或根茎结合部的裂缝或伤口处，每块有卵几粒至百余粒。幼虫孵化后即从伤口、树皮裂缝或旧蛀孔等处钻入皮层，先在皮层下蛀食，使木质部与皮层分离，极易剥落。后在木质部的表面蛀成槽状蛀坑，从蛀孔处排出细碎均匀的褐色木屑。初龄幼虫群集危害，随虫龄增大，分散在树干的同一段内蛀食，并逐渐蛀入髓部，形成粗大而不规则的蛀道。10月后在蛀道内越冬。翌年继续危害，到9月下旬至10月上旬，幼虫老熟，爬出隧道，在根际处或离树干几米外向阳干燥处约10厘米深的土壤中结伪茧越冬。老熟幼虫爬行速度较快，遇到惊扰，可分泌出一种有芳香气味的液体，因此而得名。

防治方法

农业防治 在成虫产卵期，树干涂白，防止成虫产卵；当发现根颈皮下部有幼虫危害时，可撬起皮层挖杀幼虫；冬春深翻园地，利用低温和鸟食消灭幼虫。

化学防治 在6月中旬至7月下旬，成虫产卵期用50%杀螟硫磷乳油1000~1500倍液或40%哒嗪硫磷乳油1500~2000倍液、20%哒嗪硫磷乳油800~1000倍

液、2. 5%溴氰菊酯乳油2000~3000倍液、25%灭幼脲悬浮剂1500倍液等，喷树干胸段下2~3次，杀初孵化幼虫效果好。5~10月幼虫蛀食期，用上述药剂30~50倍液注入虫孔1次，药液注入量以能杀死蛀道内幼虫为度，一般10~20毫升即可，注多了易造成烂干，注药后用泥封口。

90 光肩星天牛（图2-90-1至图2-90-4）

属鞘翅目天牛科。又名光肩天牛、柳星天牛、花牛等。

分布与寄主

分布　全国各产区。

寄主　樱桃、杏、苹果、梨、李、梅等果树。

危害特点　成虫食叶、芽和嫩枝的皮；幼虫于枝干的皮层和木质部内向上蛀食，隧道内有粪屑，削弱树势，重者致干或枝枯死。

形态诊断　成虫：体长17. 5~39毫米，宽5. 5~12毫米，体黑色略带紫铜色金属光泽；触角丝状，呈黑、淡蓝相间的花纹；鞘翅基部光滑，表面各具20多个大小不等的白色毛斑；头部和体腹面被银灰和蓝灰色细毛。卵：长椭圆形，长5. 5~7毫米，淡黄色。幼虫：体长50~60毫米，头大部分缩入前胸内，外露部分深褐色，体乳白至淡黄白色。蛹：长20~40毫米，黄褐色。

发生规律　南方1年发生1代，北方2~3年1代。均以幼虫于虫道内越冬，寄主萌动后开始危害。幼虫老熟后于5月下旬在隧道内化蛹，6月上中旬成虫羽化。成虫多产卵于直径4~5厘米的枝干上，产卵前先咬一圆形刻槽，产卵于刻槽上方1厘米处的木质部和韧皮部之间。卵期16天左右，初孵幼虫就近蛀食。8月中旬开始蛀入木质部，向上蛀食隧道，由排粪孔排出大量白色粪屑并有树汁流出。10月下旬后于隧道内越冬。成虫发生期6~10月，寿命1~2个月，白天活动。

防治方法

农业防治　①捕杀成虫，于4月下旬至6月下旬，在果园中捕杀成虫。②铲除卵及初孵幼虫，于5~6月产卵盛期，在树干基部10厘米范围内检查“T”形或“┌”形产卵痕，用螺丝刀刮除卵粒或初孵幼虫。

化学防治　①消灭低龄幼虫。于7~8月，用20%辛·阿维乳油50~100倍液或50%辛·溴乳油100~150倍液等涂抹树干基部，可杀灭在树皮蛀食的低龄幼虫。②毒杀高龄幼虫。对已蛀入木质部的幼虫，可向虫孔注入药液或用棉球蘸药塞入所有虫孔毒杀，药剂可用2%阿维菌素乳油或40%毒死蜱乳油、40%辛硫磷乳油、20%氰戊菊酯乳油50~100倍液等，注（塞）药后用泥封好蛀孔。

91 海棠透翅蛾（图2-91-1至图2-91-3）

鳞翅目透翅蛾科。

分布与寄主

分布 吉林、辽宁、河北、陕西、山西等地。

寄主 海棠、樱桃、桃、苹果、山楂、李、梨、梅等。

危害特点 幼虫多于枝干分杈处和伤口附近皮层下食害韧皮部，蛀成不规则的隧道，有的可达木质部，被害初有黏液流出呈水珠状，后变黄褐并混有虫粪，轻者削弱树势，重者致枝条或全株死亡。

形态诊断 成虫：体长10~14毫米，翅展19~26毫米，全体蓝黑色有光泽；头顶被厚鳞，头基部具黄色鳞毛；触角丝状，雄触角上密生栉毛；胸部两侧有黄鳞斑；翅透明，翅缘和脉黑色；第二、四腹节背面后缘各具一黄带，有时第一、三、五腹节也有很细的黄带但多不明显；雌尾部有两簇黄白色毛丛，雄尾部有扇状黄毛。卵：扁椭圆形，长0.5毫米，表面生六角形白色刻纹，初乳白渐变黄褐色。幼虫：体长22~25毫米，头褐色，胴部乳白至淡黄色，背面微红，各节背侧疏生细毛，头及尾部较长。蛹：长约15毫米，黄褐色，腹末环生8个臀棘。

发生规律 1年发生1代，多以中龄幼虫于隧道里结茧越冬。萌芽时活动危害，排出红褐色成团的粪便。一般位于主侧枝上的幼虫发育快而肥大，而位于主干上的幼虫发育慢而瘦小。老熟时先咬圆形羽化孔、不破表皮，然后于孔下做长椭圆形茧化蛹。河北4月末至7月下旬化蛹，有2个高峰：6月上旬和7月上旬，蛹期10~15天。羽化期为5月中旬至8月上旬，亦有2个高峰：6月中旬和7月中旬。羽化时蛹壳带出孔外1/3~1/2。成虫白天活动取食花蜜；喜于生长衰弱的枝干粗皮缝、伤疤边缘、分杈等粗糙处产卵，散产，每雌可产卵20余粒。卵期10余天。6月上旬开始孵化、蛀入，于皮层内危害，11月结茧越冬。

防治方法

农业防治 加强管理增强树势，避免产生伤疤可减少受害。冬春季结合刮老翘皮、刮腐烂病，挖杀幼虫，之后涂消毒保护剂。

化学防治 ①树干涂药液。4月和8~9月于幼虫危害处涂柴油原油或煤油1~1.5千克加敌敌畏50克混合液。效果良好，秋季虫小、入皮浅防治效果更好。②成虫盛发期，枝干上喷洒90%晶体敌百虫或40%辛硫磷乳油1000倍液，50%马拉硫磷乳油1200倍液或20%甲氰菊酯乳油2500~3000倍液、10%联苯菊酯乳油2000~2500倍液等，防治成虫和初孵幼虫效果均很好。

92 梨豹蠹蛾（图2-92-1至图2-92-3）

属鳞翅目木蠹蛾科。又称豹蛾。

分布与寄主

分布 全国产区。

寄主 梨、苹果、樱桃、李、杏、核桃等果树和多种灌木。

危害特点 幼虫蛀食寄主植物的茎部，自下而上取食心材，常致寄主植物自虫蛀孔处折断，破坏严重。

形态诊断 成虫：体白色，翅灰白色，翅展4~6厘米，上有许多黑点和斑纹，毛蓬松。幼虫：老熟幼虫体长约5厘米，白色而肥胖，头部色暗。

发生规律 2~3年发生1代，以幼虫在寄主植物蛀道内缀合虫粪木屑封闭两端静伏越冬，在浙江4月中旬化蛹，5月上旬羽化。成虫夜间飞行，趋光性强。成虫喜将卵产于孔洞或缝隙处，几十粒至数百粒产成块状。卵经2周左右时间孵化，初孵幼虫有群集取食卵壳的习性，3~5天后渐渐分散。分散的方式以吐丝下垂借风迁移为主，也有爬行迁移。幼虫多从嫩枝基部逐渐食害蛀入。当蛀至木质部后多在蛀道下方环蛀一圈，并咬一个通外的蛀孔，然后向上蛀食，同时不断向外排出粪粒。

防治方法

农业防治 及时剪除受害枝，集中烧毁或深埋。

物理防治 成虫盛发期用黑光灯或频振式杀虫灯进行诱杀。

化学防治 成虫发生期及卵孵化盛期可用25%灭幼脲悬浮剂1000倍液、Bt乳剂500倍液、5%氟啶脲1500倍液、2. 5%三氟氯氰菊酯乳油3000倍液、2. 5%联苯菊酯乳油1500倍液等喷雾，保证枝干充分着药，以毒杀卵及初孵幼虫；幼虫蛀干危害期，树干皮层注射20%吡虫啉可湿性粉剂100倍液或2%氟丙菊酯乳油50倍液或1. 8%阿维菌素乳油20~50倍液等，毒杀枝干内幼虫。

93 梨眼天牛（图2-93-1至图2-93-4）

属鞘翅目天牛科。又名梨绿天牛、琉璃天牛。

分布与寄主

分布 东北、山西、陕西、河南、山东、江苏、江西、浙江、安徽、福建、台湾等地及周边地区。

寄主 梨、苹果、梅、杏、桃、李、海棠、石榴、山楂等多种林木、果树。

危害特点 成虫取食叶片、芽和嫩枝的皮；幼虫于枝干的木质部、深达髓部，多向上少数向下蛀食，生活期间蛀道内无粪屑，削弱树势，重者致干或枝枯死。

形态诊断 成虫：体长8~10毫米，宽3~4毫米，体小略呈圆筒形，橙黄色或橙红色；鞘翅呈金属蓝色或紫色，后胸两侧各有紫色大斑点；全体密被长细毛或短毛，头部密布粗细不等的刻点；复眼上下完全分开成2对；触角丝状11节，基节数节，淡棕黄色，每节末端棕黑色；雄虫触角与体等长，雌虫略短，腹面被绒毛，雌虫较长而密，端区具片状小颗粒；前胸背板宽大于长，前、后各具一条横沟，两沟之间有一隆凸，似瘤突，两侧各具一小瘤突，中部瘤突具粗刻点，鞘翅末端圆形，翅上密布粗细刻点；雌虫腹部末节较长，中央具一条纵沟。卵：长约2毫米，宽约1毫米，长椭圆略弯曲，初乳白后变黄白色。幼虫：老熟体长18~21毫米，体呈长筒形，背部略扁平，前端大，向后渐细，无足，淡黄至黄色；头大部缩在前胸内，外露部分黄褐色；上额大，黑褐色，前胸大，前胸背板方形，前胸盾骨化，呈梯形。蛹：体长8~11毫米，稍扁略呈纺锤形；初乳白，后渐变黄色，羽化前体色似成虫；触角由两侧伸至第2腹节后弯向腹面；体背中央有一细纵沟；足短，后足腿、胫节几乎全被鞘翅覆盖。

发生规律 2年完成1代，以幼虫于被害枝蛀道内越冬。第1年以低龄幼虫越冬，翌春树液流动后，越冬幼虫开始活动继续危害，至10月末，幼虫停止取食，于近蛀道端越冬。第3年春季以老熟幼虫越冬者不再食害，开始化蛹，部分未老熟者则继续取食危害一段时间后陆续化蛹。化蛹期为4月中旬至5月下旬，4月下旬至5月上旬为化蛹盛期，蛹期15~20天。5月上旬成虫开始羽化出孔，5月中旬至6月上旬为羽化盛期，6月中旬为末期。成虫羽化后，先于隧道内停息3天左右，然后从隧道顶端一侧咬一圆形羽化孔出孔。成虫出孔后先栖息于枝上，然后活动并开始取食叶片和嫩枝的皮以补充营养。

成虫喜白天活动，飞行力弱，风雨天一般不活动。交尾多在上午9：00左右和下午17：00左右，交配后3天左右开始产卵，成虫产卵多选择直径为15~25毫米粗的枝条，或以2~3年生枝条为主，产卵部位多于枝条背光的光滑处，产卵前先将树皮咬成“三三”形伤痕，然后产1粒卵于伤痕下部的本质部与韧皮部之间，外表留小圆孔，极易识别。同一枝上可产卵数粒，单雌产卵量约20粒，成虫寿命10~30天。卵期10~15天。初孵幼虫先于韧皮部附近取食，到2龄后开始蛀入木质部，深达髓部，并多顺枝条生长方向蛀食，少数向枝条基部取食。幼虫常有出蛀道啃食皮层的习性，常由蛀孔不断排出烟丝状粪屑，并黏于蛀孔外不易脱落。随虫体增长排粪孔（或称蛀孔）不断扩大，烟丝状粪屑也变粗加长，幼虫一生蛀食隧道长达6~9厘米，取食皮层面积达5平方厘米左右。粪屑常附于蛀道反方向，其长度约与蛀道相等，越冬前或化蛹前常用粪屑封闭排粪孔和虫体前方的部分蛀道，生活期间蛀道内无粪屑。

防治方法

严格检疫、杜绝扩散 对带虫苗木不经处理不能外运，新建果园的苗木应严格检疫，防治有虫苗木植入。初发生的果园应及时将有虫枝条剪除烧掉或深埋或及时毒杀其中幼虫，以杜绝扩展。

防治成虫 成虫羽化期结合防治果树其他害虫，喷洒50%马拉硫磷乳油1500倍液、或30%杀虫双水剂1000倍液，及其他高效、低毒菊酯类杀虫药剂的常规浓度，对成虫均有良好的防治效果。

防治虫卵 在枝条产卵伤痕处，用煤油10份配50%杀螟硫磷乳油500倍液或90%晶体敌百虫300倍液1份的药液，涂抹产卵部位效果很好。

防治幼虫 ①捕杀幼虫。利用幼虫有出蛀道啃食皮层的习性，于早晚在有新鲜粪屑的蛀道口，用铁丝钩出粪屑及其中的幼虫，或用粗铁丝直接刺入蛀道，以刺杀其中幼虫。②毒杀幼虫。卵孵化初期，结合防治果园其他害虫，喷洒50%马拉硫磷乳油1500倍液、或30%杀虫双水剂1000倍液，及其他高效、低毒菊酯类杀虫药剂的常规浓度，毒杀初孵幼虫均有一定效果。或用蘸40%辛硫磷乳油100倍液的小棉球，由排粪孔塞入蛀道内，然后用泥土封口，可毒杀其中幼虫。

94 梨圆蚧（图2-94-1，图2-94-2）

属同翅目盾蚧科。又名梨笠圆蚧、梨枝圆盾蚧、梨笠圆盾蚧。

分布与寄主

分布 全国各产区。

寄主 梨、苹果、山楂、杏、桃、李、葡萄、柑橘、樱桃、草莓等300多种植物。

危害特点 雌成虫、若虫刺吸枝干、叶、果实汁液，轻致树势衰弱，重致枯死。

形态诊断 成虫：雌介壳近圆形稍隆起，直径约1.7毫米，灰白至灰褐色，具同心轮纹；虫体近扁圆形，橙黄色，体长0.9~1.5毫米，宽0.75~1.23毫米。雄介壳长椭圆形，长1.2~1.5毫米，似鞋底状，介壳的质地与色泽同雌介壳；雄体长0.6毫米，翅展1.62毫米，淡橙黄至橙黄色，前翅外缘近圆形。若虫：椭圆形扁平，淡黄至橘黄色。

发生规律 北方1年发生2~3代，南方4~5代，以若虫在枝条上越冬，翌春树液流动后开始危害。3代区越冬代、一代、二代发生期分别为：6月上旬至7月上旬、7月下旬至9月上旬、9月至11月上旬。4代区越冬代、一代、二代、三代发生期分别为：4月下旬至5月上旬、6月下旬至7月底、8月下旬至10月上旬、11月中下旬。若虫多在2~5年生枝干上危害，部分在叶背主脉两侧分泌绵毛状蜡丝形成介壳。天敌有红点唇瓢虫、肾斑唇瓢虫、红圆蚧金黄芽小蜂等数十种。

防治方法

农业防治 加强检疫，防止有蚧苗木传入新区。及时剪除介壳虫寄生严重枝条烧毁。严禁用有虫枝条作种苗接穗。

生物防治 引放利用天敌。

化学防治 春季梨树发芽前，喷洒3~5波美度石硫合剂或0.4%五氯酚钠溶液、95%机油乳剂200倍液等。一、二代若虫期，枝干喷洒25%噻菌酮可湿性粉剂1500~2000倍液或20%甲氰菊酯乳油3000倍液、50%马拉硫磷乳油1000倍

液、95%机油乳剂500倍液等。危害期用5%氟啶脲乳油20~50倍液涂干包扎，效果较好。

95 柳干木蠹蛾（图2-95-1，图2-95-2）

属鳞翅目木蠹蛾科。又名柳乌木蠹蛾、柳干蠹蛾、榆木蠹蛾、大褐木蠹蛾、黑波木蠹蛾、红哈虫。

分布与寄主

分布 除西藏、新疆未见报道外，全国各产区均有分布。

寄主 板栗、苹果、李、核桃、杏等果树。

危害特点 幼虫在根颈、根及枝干的皮层和木质部内蛀食，形成不规则的隧道，削弱树势，重致枯死。

形态鉴别 成虫：体长26~35毫米，翅展50~78毫米；体灰褐至暗褐色；触角丝状；前翅翅面布许多长短不一的黑色波状横纹，亚缘线黑色前端呈“Y”形；后翅灰褐色，中部具一褐色圆斑。卵：椭圆形，长约1.3毫米，乳白至灰黄色。幼虫：体长70~80毫米，头黑色，体背鲜红色，体侧及腹面色淡；胸足外侧黄褐色，腹足趾钩双序环。蛹：长椭圆形，长50毫米，棕褐至暗褐色。

发生规律 2年1代，以幼虫越冬。第一年以低龄和中龄幼虫于隧道内越冬，第二年以高龄和老熟幼虫在树干内或土中越冬。以老熟幼虫越冬者，翌春4~5月于隧道口附近的皮层处或土中化蛹。发生期不整齐，4月下旬至10月中旬均可见成虫，6~7月较多。成虫善飞翔，昼伏夜出，趋光性不强，喜于衰弱树、孤立树或边缘树上产卵，卵多产在树干基部树皮缝隙和伤口处，数十粒成堆，卵期13~15天。幼虫孵化后蛀入皮层，再蛀入木质部，多纵向蛀食，群栖危害，多的可达200头，有的还可蛀入根部致树体倒折。

防治方法

农业防治 产卵前树干涂石灰水，既杀卵又防病；成虫发生期黑光灯杀成虫；幼虫危害初期挖除皮下群集幼虫杀之，并用保护剂涂抹伤口保护。

化学防治 ①树干喷药。成虫产卵期树干2米以下喷洒50%辛硫磷乳油400~500倍液，25%辛硫磷胶囊剂200~300倍液等，毒杀卵和初孵幼虫。②虫孔抹药泥。幼虫危害期可用80%敌敌畏乳油或25%喹硫磷乳油30~50倍液加黏土和成药泥塞入虫孔。③药液涂干。用25%抑食肼悬浮剂与柴油1：9的混合液涂抹被害处，毒杀初侵入幼虫。

96 枣龟蜡蚧（图2-96-1至图2-96-5）

属同翅目蜡蚧科。又名日本蜡蚧、日本龟蜡蚧、龟蜡蚧、龟甲蜡蚧。俗称枣虱子。

分布与寄主

分布　全国除新疆、西藏未见报道外，其他各产区均有发生。

寄主　李、柿、桃、枣、杏、石榴、柑橘等果树。

危害特点　若虫固贴在叶面上吸食汁液，排泄物布满枝叶，7~8月雨季易引起大量煤污菌寄生，使叶、枝条、果实布满黑霉，影响光合作用和果实生长。

形态诊断　雌成虫：虫体椭圆形，紫红色，背覆白蜡质介壳，表面有龟状凹纹，体长约3毫米，宽2~2.5毫米；雄成虫：体长1.3毫米，翅展2.2毫米，体棕褐色，头及前胸背板色深，触角丝状；翅1对白色透明。卵：椭圆形，长径约0.3毫米，橙黄至紫红色。若虫：体扁平，椭圆形，长0.5毫米，后期虫体周围出现白色蜡壳。蛹：仅雄虫在介壳下化为裸蛹，梭形，棕褐色。

发生规律　年发生1代，以受精雌虫密集在1~2年生小枝上越冬。越冬雌虫4月初开始取食，5月下旬至7月中旬产卵，卵期10~24天。6月中旬至7月上旬孵化，初孵若虫多爬到嫩枝、叶柄、叶面上固着取食，8月初雌雄开始性分化，8月下旬至10月上旬雄虫羽化，交配后即死亡。雌虫陆续由叶转到枝上固着危害，至秋后越冬。卵孵化期间，空气湿度大，气温正常，卵的孵化率和若虫成活率高。天敌有瓢虫、草蛉、长盾金小蜂、姬小蜂等。

防治方法　防治关键期是雌虫越冬期和夏季若虫前期。

农业防治　从11月至翌年3月刮刷树皮裂缝中的越冬雌成虫，剪除虫枝；冬春季遇雨雪天气，及时敲打树枝震落冰凌，可将越冬雌虫随冰凌震落。

生物防治　保护利用天敌。

化学防治　在6月末7月初，喷洒50%甲萘威可湿性粉剂400~500倍液或20%甲氰菊酯乳油3000~4000倍液、20%啶虫脒可湿性粉剂2000倍液等；秋后或早春喷洒5%的柴油乳剂防效好。

第3章

果园主要杂草识别与防治

01 车前草（图3-1-1至图3-1-3）

车前科车前属，一年生或越年生草本植物。全国各地都有分布。

形态识别 种子和分株繁殖。直根长，具多数侧根，根茎短。叶基生呈莲座状，平卧、斜展或直立；叶片纸质，椭圆形、椭圆状披针形或卵状披针形，长3~12厘米，宽1~3.5厘米，先端急尖或微钝，边缘具浅波状钝齿、不规则锯齿，基部宽楔形至狭楔形，下延至叶柄，脉5~7条，两面疏生白色短柔毛；叶柄长2~6厘米。花序3~10个；花序梗长5~18厘米；穗状花序细圆柱状，上部密集，基部常间断，长6~12厘米。花冠白色，冠筒等长或略长于萼片，椭圆形或卵形，长0.5~1毫米。蒴果卵状椭圆形至圆锥状卵形，长4~5毫米，于基部上方周裂。种子4~5枚，椭圆形，长1.2~1.8毫米，黄褐色至黑色；中国北方4月上中旬或10月种子萌芽出土，夏季生长旺盛，花期5~7月，果期7~9月。

防治方法 人工除草连根拔除；有效除草剂有乙草胺、噁草酮、乙氧氟草醚、灭草松、萘氧丙草胺、异丙甲草胺、乙氧氟草醚、氟乐灵等。

02 灯笼草（图3-2-1至图3-2-3）

茄科酸浆属，多年生直立草本植物。学名酸浆。又名红姑娘、灯笼果、泡泡草。分布于全国各地。

形态诊别 种子繁殖。基部常匍匐生根。茎高40~80厘米，基部略带木质，分枝稀疏或不分枝，幼嫩茎节常被有较密柔毛。叶长5~15厘米，宽2~8厘米，长卵形至阔卵形、菱状卵形，顶端渐尖，基部不对称狭楔形、下延至叶柄，全缘而波状或者有粗牙齿状，两面被有柔毛，叶柄长1~3厘米。花梗长6~16毫米，密生柔毛；花萼阔钟状，长约6毫米，密生柔毛；花冠白色，直径15~20毫米，裂片开展，阔而短。果梗长2~3厘米，果萼卵状，长2.5~4厘米，直径2~3.5厘米，薄革质，网脉显著，成熟时橙色或火红色，被宿存的柔毛，顶端闭合，基部凹陷；浆果球状，橙红色，直径10~15毫米，柔软多汁。种子肾脏形，淡黄色，长约2毫米。喜阳光，不择土壤，在3~42℃时均能正常生长。花期5~9月，果期6~10月。

防治方法 人工连根拔除，特别是种子成熟前清除，减少种子留存；有效除草剂有伏草隆、萘氧丙草胺、噁草酮、丁草胺、灭草松、异丙甲草胺、氟乐灵、乙氧氟草醚等。

03 红蓼（图3-3-1至图3-3-3）

蓼科蓼属，一年生草本植物。又名荭草、大红蓼、大毛蓼、狗尾巴花、麦穗花。除西藏外，广布于全国各地。

形态诊别 种子繁殖。茎直立，粗壮，高1～3米，上部多分枝。叶宽卵形、宽椭圆形或卵状披针形，长10～20厘米，宽5～12厘米，顶端渐尖，基部圆形或近心形，边缘全缘；叶柄长2～10厘米；托叶鞘筒状，长1～2厘米。总状花序呈穗状，顶生或腋生，长3～7厘米，花紧密，微下垂，通常数个再组成圆锥状；苞片宽漏斗状，长3～5毫米，每苞内具3～5花；花梗比苞片长；花被5深裂，淡红色或白色；花被片椭圆形，长3～4毫米。瘦果近圆形，直径3～3. 5毫米，黑褐色，有光泽，包于宿存花被内。春季气温回暖，种子发芽出土，春夏生长旺盛，花期6～9月，果期8～10月。

防治方法 合理轮作，全面秋深耕，施用腐熟的农家肥料；适时中耕除草，并在种子成熟前彻底清除，减少种子残留。有效除草剂有甲草胺、异丙甲草胺、乙草胺、敌稗、萘氧丙草胺、西玛津、扑草净、噁草酮、乙氧氟草醚、百草枯、草甘膦等。

04 猫眼草（图3-4-1，图3-4-2）

大戟科大戟属，多年生草本植物。学名泽漆；又名乳浆大戟、细叶猫眼草、烂疤眼、乳浆草。主要分布在华北、华中、华东等地。

形态诊别 种子和分根繁殖。根圆柱状，长20厘米以上，直径3～6毫米，褐色或黑褐色。茎单生或丛生，单生时自基部多分枝，高30～60厘米，直径3～5毫米。叶线形至卵形，多变化，长2～7厘米，宽1～2厘米，先端尖或钝尖，基部楔形至平截，无叶柄。杯状聚伞花序顶生者通常有4～9伞梗，基部有轮生叶与茎上部叶同形；腋生者具伞梗1个；每伞梗再2～3分叉，各有扇状半圆形或三角状心形苞叶1对；总苞杯状。蒴果三棱状球形，直径5～6毫米；花柱宿存，成熟时分裂为3个分片。种子卵球状，长2. 5～3. 0毫米，直径2. 0～2. 5毫米，成熟时黄褐色。种子成熟落地后，经短时间休眠即可发芽出土，冬季以幼苗形式越冬，春夏高温季节为生长旺盛期，花期4～6月，果期6～8月。

防治方法 及时中耕，铲除杂草；有效除草剂有丁草胺、噁草酮、精吡氟禾草灵、灭草松、萘氧丙草胺、异丙甲草胺、乙氧氟草醚、氟乐灵等。

05 米口袋（图3-5-1至图3-5-4）

豆科米口袋属，多年生草本植物。又名米布袋、紫花地丁、地丁、多花米口袋。分布于东北、华北、华东、华中等地区。

形态诊别 种子和分根繁殖。主根圆锥形或圆柱形、粗壮，少有侧细根，上端具短缩的茎或根状茎。高4～20厘米，全株被白色长绵毛，果期后毛渐稀少。

叶及总花梗于分茎上丛生；托叶宿存，下部叶三角形，上部叶狭三角形，基部合生，外面密被白色长柔毛；叶长2~5厘米，早生叶被长柔毛，后生叶毛稀疏，或无毛；小叶7~21片，椭圆形、长圆形或卵形、长卵形、披针形，长4~25毫米，宽1~10毫米，基部圆，先端具细尖，急尖、钝、微缺或下凹成弧形。伞形花序有2~6朵花；花梗长1~3.5毫米；花萼钟状，长7~8毫米；花冠紫堇色，旗瓣长13毫米，宽8毫米，倒卵形，全缘；翼瓣长10毫米，宽3毫米，斜长倒卵形，龙骨瓣长6毫米，宽2毫米，倒卵形。荚果圆筒状，长17~22毫米，直径3~4毫米，被长柔毛；种子三角状肾形，直径约1.8毫米。春季种子萌发或宿根发芽生长，春夏温湿适宜时生长迅速，花期4月，果期5~6月。

防治方法 园地深耕，捡拾地下根茎带出园外处理；结合全株可以入药的特性，有目的地挖除利用。采用嗪草酮、唑草酮、精吡氟禾草灵、双氟磺草胺、甲草胺等除草剂进行防治。

06 牵牛花（图3-6-1至图3-6-5）

旋花科牵牛属，一年生缠绕草本植物。又名喇叭花。种子为常用中药，名为黑丑、白丑、黑白丑牵牛。我国除西北和东北少数地区外，大部分地区都有分布。

形态识别 种子繁殖，春天发芽，夏秋生长开花。茎叶上布有长短不等微硬的柔毛。叶宽卵形或近圆形，深或浅的3裂，偶5裂，长4~15厘米，宽4.5~14厘米，基部圆、心形，叶尖渐尖或骤尖；叶柄长2~15厘米。花腋生，单一或通常2朵着生于花序梗顶，花序梗长1.5~18.5厘米；苞片线形或叶状；花梗长2~7毫米。花冠漏斗形似喇叭状，长5~10厘米，颜色有蓝、绯红、桃红、紫等，亦有混色的，花瓣边缘的变化较多，花冠管色淡，也可作观赏植物。蒴果近球形，直径0.8~1.3厘米，3瓣裂。种子卵状三棱形，长约6毫米，黑褐色或米黄色。

防治方法 人工除草连根拔除，连续进行2~3年；有效除草剂有甲草胺、噁草酮、灭草松、地乐胺、萘氧丙草胺、异丙甲草胺、乙氧氟草醚、氟乐灵等。

07 铁苋（图3-7-1至图3-7-3）

大戟科铁苋菜属，一年生草本植物。我国除西部高原或干燥地区外，大部分省（自治区、直辖市）均有分布。

形态识别 种子繁殖。株高0.2~0.5米，多分枝，小枝细长。叶膜质，长卵形、近菱状卵形或阔披针形，长3~9厘米，宽1~5厘米，顶端短渐尖，基部楔形，稀圆钝；叶柄长2~6厘米；托叶披针形，长1.5~2毫米。雌雄花同序，花序腋生，长1.5~5厘米，花序梗长0.5~3厘米。蒴果直径4毫米左右；种子近卵状，长1.5~2毫米。种子春季萌芽，春、夏、秋生长，花果期4~10月。

防治方法 及时中耕，铲除杂草；有效除草剂有地乐胺、噁草酮、灭草松、吡氟禾草灵、萘氧丙草胺、异丙甲草胺、乙氧氟草醚、氟乐灵等。

08 小冠花（图3-8-1至图3-8-4）

豆科小冠花属，多年生草本植物。学名绣球小冠花。全国除东北、西北寒冷地区外，其他各地都有分布。

形态诊别 种子繁殖。茎直立，粗壮，多分枝，疏展，高50~100厘米。茎、小枝圆柱形，具条棱，髓心白色。奇数羽状复叶，具小叶11~25对；小叶薄纸质，椭圆形或长圆形，长15~25毫米，宽4~8毫米，先端稍尖。伞形花序腋生，长5~6厘米；总花梗长约5厘米，花5~20朵，密集排列成绣球状；花冠紫色、淡红色或白色，有明显紫色条纹，长8~12毫米，旗瓣近圆形，翼瓣近长圆形；龙骨瓣先端呈喙状，喙紫黑色，向内弯曲。荚果细长圆柱形，稍扁，具4棱，先端有宿存的喙状花柱，荚节长约1.5厘米，各荚节有种子1颗；种子长圆状倒卵形，光滑，黄褐色，长约3毫米，宽约1毫米。小冠花喜温暖湿润气候，对土壤要求不严，但不太耐涝，条件适宜即可生长。花期6~7月，果期8~9月。

防治方法 适时中耕除草，并在种子成熟前彻底清除田旁隙地的小冠花。有效除草剂有甲草胺、异丙甲草胺、乙草胺、敌稗、萘氧丙草胺、西玛津、扑草净、噁草酮、乙氧氟草醚、百草枯、草甘膦等。

09 旋覆花（图3-9-1至如3-9-3）

菊科旋覆花属，多年生草本植物。又名金佛草、六月菊。分布于我国东北、华北、华中、西北及华东等地。

形态诊别 种子和根茎繁殖。茎单生，有时2~3个簇生，直立，高30~70厘米，有时基部具不定根，基部径3~10毫米；上部有上升或开展的分枝，节间长2~4厘米。基部叶常较小，在花期枯萎；中部叶长圆形、长圆状披针形或披针形，长4~13厘米，宽1.5~4厘米，常有圆形半抱茎的小耳，无柄，顶端稍尖或渐尖，边缘有小尖头状疏齿或全缘；上部叶渐狭小，线状披针形。顶生头状花序，呈伞房状排列，花序直径3~5厘米，花序梗细长；舌状花1层，基部连合成管状。瘦果长1~1.2毫米，圆柱形。春暖发芽，春、夏、秋生长，花期6~10月，果期9~11月。

防治方法 幼苗时及时中耕；成株时挖根清除；还可用吡氟禾草灵、灭草松、噁草酮、扑草净、绿麦隆、恶草灵、氟磺胺草醚、西玛津等除草剂进行防除。

10 鸭跖草（图3-10-1，图3-10-2）

鸭跖草科鸭跖草属，一年生披散草本植物。又名碧竹子、翠蝴蝶、淡竹叶等。产云南、四川、甘肃以东的南北地。

形态诊别 种子和根茎繁殖。茎匍匐生根，多分枝，长可达1米，下部无毛，上部被短毛。叶披针形至卵状披针形，长3~9厘米，宽1.5~2厘米。聚伞花序，下面一枝仅有花1朵，具长8毫米左右的梗；上面一枝具花3~4朵，花梗长3毫米左右，果期弯曲；萼片膜质；花瓣深蓝色；内有2枚具爪，长近1厘米。蒴果椭圆形，长5~7毫米，有种子4颗，种子长2~3毫米，棕黄色。喜温暖、湿润气候，喜弱光，忌阳光暴晒，适宜生长温度20~30℃，夜间温度10~18℃生长良好，冬季不低于10℃正常生长。花期6~8月。

防治方法 园地深耕，捡拾地下根茎带出园外处理；结合全株可以入药的特性，有目的挖除利用。采用吡氟乙草灵、唑草酮、双氟磺草胺、噁草酮、乙氧氟草醚、恶草灵等除草剂进行防治。

11 黄蒿（图3-11-1，图3-11-2）

菊科蒿属，多年生或越年生草本。学名猪毛蒿；又名草蒿、青蒿、臭蒿、臭黄蒿、犱蒿、秋蒿、野苦草等。遍及全国。

形态诊别 种子和分株繁殖。主根单一，狭纺锤形、垂直，半木质或木质化。茎单生，高100~200厘米，基部直径可达1厘米以上，有纵棱，幼时绿色，后变褐色或红褐色，多分枝。叶纸质，绿色；茎下部叶宽卵形或三角状卵形，长3~7厘米，宽2~6厘米，三至四回羽状深裂，每侧有裂片5~10枚，裂片长椭圆状卵形，叶柄长1~2厘米，基部有半抱茎的假托叶；中部叶二至三回羽状深裂，长圆形或长卵形，长1~2厘米，宽0.5~1.5厘米，小裂片栉齿状三角形；上部叶与苞片叶一至二回羽状深裂，近无柄。总状或复总状花序，花深黄色。瘦果小，椭圆状卵形，略扁。种子成熟落地，经过短暂休眠后发芽，幼苗可越冬；春暖时节，宿根发芽，春夏生长旺盛，花果期8~11月。

防治方法 幼苗期及时中耕，铲除；利用其药用价值较高的特性，在不影响果树正常生长前提下适时刈割利用；有效除草剂有吡氟乙草灵、噁草酮、灭草松、萘氧丙草胺、异丙甲草胺、乙氧氟草醚、氟乐灵等。

12 酸模叶蓼（图3-12-1至图3-12-3）

蓼科蓼属，一年生草本植物。又名大马蓼、旱苗蓼、斑蓼、柳叶蓼。广布于全国各地。

形态诊别 种子繁殖。茎直立，高40~90厘米，具分枝，茎节部膨大。叶披针形或宽披针形，长5~15厘米，宽1~3厘米，顶端渐尖或急尖，基部楔形，上面绿色，常有一个大的黑褐色新月形斑点，全缘，边缘具粗缘毛；叶柄短；托叶鞘筒状，长1.5~3厘米，膜质，淡褐色。总状花序呈穗状，顶生或腋生，近直立，花紧密，通常由数个花穗再组成圆锥状；花淡红色或白色。瘦果宽卵形，长2~3毫米，黑褐色，包于宿存花被内。黄淮地区4~5月种子发芽出土，春夏生长迅速，花期6~8月，果期7~9月，花果期内多次开花结实。

防治方法 人工防除园地及周围酸模叶蓼，尽量减少田间杂草来源；利用赛克嗪、异恶草松、咪草烟、氯嘧磺隆、氟磺胺草醚、杂草焚、乙草胺、2,4-滴丁酯、莠去津、氟乐灵、萘氧丙草胺、麦草畏等除草剂进行防除。

13 茜草（图3-13-1至图3-13-4）

茜草科茜草属，多年生草质攀缘植物。又名扯拉秧、血茜草、血见愁、蒨草。分布于全国各地。

形态诊别 种子和分株繁殖。根状茎和其节上的须根均红色。草质茎数至多条，从根状茎的节上发出，细长可达1.5~3.5米，4棱方柱形，棱上生倒生皮刺，中部以上多分枝。叶通常4片轮生，纸质，披针形或长圆状披针形，长0.7~3.5厘米，顶端渐尖，有时钝尖，基部心形，边缘有齿状皮刺，两面粗糙；叶柄长1~2.5厘米，有倒生皮刺。聚伞花序腋生和顶生，多回分枝，有花10余朵至数十朵，花序和分枝均细瘦；花冠淡黄色，直径3~3.5毫米，花冠裂片近卵形，长约1.5毫米。果球形，直径4~5毫米，成熟时橘黄至紫黑色。黄淮地区3~4月宿根及种子发芽出土，春夏生长迅速，花期8~9月，果期10~11月。

防治方法 及时中耕，铲除杂草；有效除草剂有二甲戊灵、噁草酮、吡氟乙草灵、灭草松、萘氧丙草胺、异丙甲草胺、乙氧氟草醚、氟乐灵等。

14 早熟禾（图3-14-1，图3-14-2）

禾本科早熟禾属，一年生或冬性杂草。又名稍草、小青草、小鸡草、冷草、绒球草等。全国南北各地均有分布。

形态诊别 种子繁殖。秆直立或倾斜，质软，高6~30厘米。叶鞘稍压扁，中部以下闭合；叶舌长1~5毫米，圆头；叶片扁平或对折，长2~12厘米，宽1~4毫米，质地柔软，顶端急尖呈船形。圆锥花序宽卵形，长3~7厘米，分枝1~3枚着生各节；小穗卵形，含3~5个小花，长3~6毫米，绿色；花药黄色。颖果纺锤形，长约2毫米。早熟禾黄淮地区9月、10月种子发芽出土，以幼苗越冬，春夏生长，花期4~5月，果期6~7月。

防治方法 人工及时清除田间隙地杂草；种子成熟前彻底连根拔除，减少种子生成量；化学防治可选用防除禾本科杂草的禾草灭、禾草丹等除草剂。

15 蒲草（图3-15-1，图3-15-2）

香蒲科香蒲属，多年生宿根性沼泽、湿地单子叶草本植物。又名水蜡烛、水烛、香蒲、蒲菜、蒲棒草。全国除西北等少数冬季寒冷地区外，其他地区都有分布。

形态识别 分株繁殖。地下根状匍匐茎白色，长而横生，节部处生许多须根，老根黄褐色。茎极短呈圆柱形，直立，质硬而中实，高可达2.5米。叶二列式互生，狭长带状，长0.8~1.3米，宽2~3厘米，基部呈长鞘抱茎。肉穗状花序顶生，圆柱状似蜡烛，全长达50厘米以上；雄花序生于上部，长10~30厘米，雌花序生于下部、黄色，与雄序等长或略长，两者中间无间隔，紧密相联。果穗似蜡烛状，赭褐色，果为小坚果，内含细小种子，椭圆形。蒲草喜潮湿环境，只要不低于0℃就能安全越冬，不高于33℃就能顺利度夏，适宜生长温度为15~30℃。花期6~7月，果期7~8月。

防治方法 人工彻底挖除根茎；利用防治禾本科杂草化学除草剂精吡氟禾草灵、喹禾灵、稀禾啶等进行防除。

16 画眉草（图3-16-1，图3-16-2）

禾本科画眉草属，一年生草本杂草。又名榧子草、星星草、蚊子草。分布全国各地。

形态识别 种子繁殖。茎直立、匍匐或斜向上生长，多分枝，高20~60厘米，通常具4节。叶鞘稍压扁，鞘口常具长柔毛；叶舌退化为一圈纤毛；叶片线形，长6~20厘米，宽2~3毫米，扁平或内卷，背面光滑，表面粗糙。圆锥花序较开展，长15~25厘米，多分枝，小穗成熟后，暗绿色或带紫黑色，长3~10毫米，有4~14朵小花。颖果长圆形，长约0.8毫米。春、夏、秋生长，花、果期8~11月。

防治方法 幼嫩时人工拔除可作饲草；园地及时中耕；有效除草剂有稀禾

啶、草甘膦、噁草酮、萘氧丙草胺、异丙甲草胺、吡氟禾草灵、唏禾啶、氟乐灵等。

17 狼尾草（图3-17-1至图3-17-3）

禾本科狼尾草属，多年生植物。别名金狗尾草、老鼠狼、芮草。分布全国各地。

形态诊别 种子和分株繁殖。须根较粗壮。秆直立，丛生，高30～120厘米，在花序下密生柔毛。叶鞘光滑，两侧压扁，秆上部长于节间；叶舌具长约2.5毫米纤毛；叶片线形，长10～80厘米，宽3～8毫米，先端长渐尖，基部生疣毛。圆锥花序直立，长5～25厘米，宽1.5～3.5厘米；主轴密生柔毛；刚毛粗糙，淡绿色或紫色，长1.5～3厘米；小穗多单生，偶有双生，线状披针形，长5~8毫米。颖果长圆形，长约3.5毫米。狼尾草喜光照充足的生长环境，耐旱、耐湿，亦耐半阴，且抗寒性强，当气温达到20℃以上时，生长迅速。花果期夏秋季。

防治方法 幼苗期人工锄草根除；利用地膜覆盖，提高地膜下土表温度，烫死杂草幼苗，或抑制杂草生长；利用防治禾本科除草剂稀禾啶、喹禾灵、精吡氟禾草灵等防除。

18 白蒿（图3-18-1至图3-18-3）

菊科蒿属，一年生或越年生草本或半灌木。又名茵陈、牛至、田耐里、马先、绒蒿、细叶青蒿、安吕草。全国各地均有分布。幼苗称为“茵陈”，黄淮地区有“正月茵陈，二月蒿”的说法。幼苗早春采收可以作菜入药，此季节以外则称为“茵陈蒿”“白蒿”。

形态诊别 种子和分株繁殖。春天幼苗称为“绵茵陈”：多卷曲成团状，灰白色或灰绿色，全体密被白色茸毛，绵软如绒。茎细小，长1.5~2.5厘米，直径0.1~0.2厘米，除去表面白色茸毛后可见明显纵纹；质脆，易折断。叶具柄，展平后叶片呈一至三回羽状分裂，叶片长1～3厘米，宽约1厘米；小裂片卵形或稍呈倒披针形、条形，先端尖锐。气清香，味微苦。

农历二月后称为“白蒿”“茵陈蒿”：根茎斜生，其节上具纤细的须根，近木质。茎呈圆柱形，高20～150厘米，直立或近基部伏地，多分枝，径粗2～8毫米；幼嫩时青绿色，老茎淡紫色或紫色，有纵条纹，具倒向或微蜷曲的短柔毛；中上部各节有具花的分枝，下部各节有不育的短枝，近基部常无叶。叶密集，或脱落，叶柄长2~7毫米；下部叶二至三回羽状深裂，裂片条形或细条形，两面密被白色柔毛；茎生叶一至二回羽状全裂，基部抱茎，裂片细丝状。花序呈伞房状圆锥花序，开张，多花密集，由多数小穗状花序组成。花萼钟状，花冠紫红、淡红至白色，管状钟形。瘦果长圆形，黄棕色。气芳香，味微苦。以幼苗或根茎越冬，春暖时生长，年生长期较长，花期7~9月，果期10~12月。

防治方法　幼苗期及时中耕、挖除，可以食用；利用其药用价值较高的特性，在不影响果树正常生长前提下适时刈割利用；有效除草剂有精吡氟禾草灵、噁草酮、灭草松、萘氧丙草胺、异丙甲草胺、乙氧氟草醚、氟乐灵等。

19　地丁草（图3-19-1至图3-19-4）

罂粟科紫堇属，多年生草本植物，华北、东北、华中、西北地区有分布。别称：紫堇、布氏地丁等。全草可以入药。

形态诊别　种子和分株繁殖。具主根。茎自基部铺散分枝，灰绿色，具棱，高10~50厘米。基生叶多数，长4~8厘米，叶柄约与叶片等长，基部叶具鞘，边缘膜质；叶片上面绿色，下面苍白色，二至三回羽状全裂，一回羽片3~5对，具短柄，二回羽片2~3对，顶端分裂成短小的裂片，裂片顶端圆钝；茎生叶与基生叶同形。总状花序长1~6厘米，多花，先密集，后疏离，果期伸长。苞片叶状，具柄至近无柄。花梗短，长2~5毫米。花粉红色至淡紫色，平展；外花瓣顶端多少下凹，具浅鸡冠状突起，边缘具浅圆齿；上花瓣长1.1~1.4厘米；下花瓣稍向前伸出；内花瓣顶端深紫色。蒴果椭圆形，下垂，长1.5~2厘米，宽4~5毫米，具2列种子；种子直径2~2.5毫米，边缘具4~5列小凹点。

防治方法　园地深耕，捡拾地下根茎带出园外处理；结合全株可以入药的特性，有目的地挖除利用。采用唑草酮、精吡氟禾草灵、双氟磺草胺、嗪草酮、乙草胺等除草剂进行防治。

20　婆婆纳（图3-20-1至图3-20-3）

玄参科婆婆纳属，一年或越年生铺散多分枝草本植物。分布全国各地。

形态诊别　种子和分株繁殖，黄淮地区10月初出苗，以幼苗或种子越冬。植株上被长柔毛，茎自基部分枝，下部匍匐地面，茎高10~25厘米。叶片在茎下部对生2~4对，上部互生，叶片心形至卵形，长5~10毫米，宽6~7毫米，每边有2~4个深刻的钝齿，两面被白色长柔毛，叶柄长3~6毫米。总状花序，苞片叶状，下部的对生或全部互生；花梗比苞片略短。花冠淡紫色、蓝色、粉色或白色，直径4~5毫米。蒴果近于肾形，密被腺毛，略短于花萼，宽4~5毫米。种子背面具横纹，长约1.5毫米。早春开紫红色小花，单生于苞腋。花果期3~10月。

防治方法 幼苗时通过中耕清除，成株后适时割除并挖根；因其根系分布较浅，可以作为果园生草栽培草种利用；还可用乙草胺、苯磺隆、苄嘧磺隆、氟唑草酮、噻磺隆等除草剂进行防除。

21 荠菜（图3-21-1至图3-21-4）

十字花科荠属，一年或越年生杂草。分布于全国各地。也是棉蚜、麦蚜、桃蚜、棉盲椿象等的寄主。

形态诊别 种子繁殖，以幼苗或种子越冬。黄淮地区10月初出苗，春季还有一次发芽高峰，整个出苗期持续时间较长，温暖地区全年均可发芽。出土幼苗2片子叶，椭圆形，先端圆，基部渐狭，长3~4毫米，宽约2毫米；初生叶2片，紧挨子叶，灰绿色，卵形，先端钝圆，被紧贴的分枝毛，有柄。茎直立，高20~50厘米，有分枝毛或单毛。基生叶丛生，大头羽状分裂，长可达10厘米，宽1~1.5厘米，顶生裂片较大，侧生裂片较小，狭长，浅裂或有不规则锯齿，具长叶柄。茎生叶披针形，基部抱茎，边缘有缺刻或锯齿，两面有细毛或无毛。总状花序顶生和腋生；花白色。短角果倒三角形或倒心形，扁平；种子2行，长椭圆形，淡褐色。4~5月开花结果，5月下旬至6月为果熟期高峰，随熟随落，种子有短期休眠。

防治方法 及时中耕铲除；抽茎前幼嫩可食，因冬春季果园很少施用农药，是很好的绿色食品蔬菜，可以挖除食用；还可用苯磺隆、嗪草酮、苄嘧磺隆、丁草胺、氟唑草酮、噻磺隆等除草剂进行化学防除。

22 黄鹌菜（图3-22-1至图3-22-4）

菊科黄鹌菜属，一年生或越年生草本杂草。又名毛连连、野芥菜、黄花枝香草、野青菜、还阳草。分布遍及全国。

形态诊别 种子和分株繁殖，以幼苗或种子越冬。根垂直直伸，生多数须根。茎直立，高10~100厘米，单生或少数茎成簇生，粗壮或细。基生叶倒披针形、椭圆形、长椭圆形或宽线形，长2.5~13厘米，宽1~4.5厘米，大头羽状深裂或全裂，极少有不裂的，叶柄长1~7厘米；无茎叶或极少有1~2枚茎生叶，且与基生叶同形并等样分裂；全部叶及叶柄被皱波状长或短柔毛。茎顶端伞房花序状分枝或下部有长分枝，下部被稀疏的皱波状长或短毛，每花序含10~20枚舌状小花；总苞圆柱状，长4~5毫米；舌状小花黄色，花冠管外面有短柔毛。瘦果纺锤形，褐色或红褐色，长1.5~2毫米；冠毛长2.5~3.5毫米，糙毛状。花果期4~10月。

防治方法 幼苗时及时中耕；成株时挖根清除；还可用丁草胺、灭草松、噁草酮、扑草净、绿麦隆、氟磺胺草醚、恶草灵、西玛津等除草剂进行防除。

23 附地菜（图3-23-1，图3-23-2）

紫草科附地菜属，一年生或越年生草本杂草。又名地胡椒、鸡肠、鸡肠草、雀扑拉。分布全国各地。

形态诊别 种子繁殖，以幼苗或种子越冬。茎通常基部分枝丛生，纤细，铺散，被短糙伏毛，高5~30厘米。基生叶呈莲座状，有叶柄，叶片匙形，长2~5厘米，先端圆钝，基部楔形或渐狭，两面被糙伏毛，茎上部叶长圆形或椭圆形，无叶柄或具短柄。花序生茎顶，幼时卷曲，后渐次伸长，长5~20厘米，通常占全茎的1/2~4/5，只在基部具2~3个叶状苞片，其余部分无苞片；花梗短，花后伸长，长3~5毫米，顶端与花萼连接部分变粗呈棒状；花萼裂片卵形，长1~3毫米，先端急尖；花冠淡蓝色或粉色，筒部甚短，檐部直径1.5~2.5毫米，裂片平展，倒卵形，白色或带黄色。小坚果斜三棱锥状四面体形，长0.8~1毫米。早春开花，花期至6月。

防治方法 及时中耕，铲除杂草；叶片可食，可以拔除佐餐；有效除草剂有噁草酮、灭草松、萘氧丙草胺、扑草净、异丙甲草胺、乙氧氟草醚、氟乐灵等。

24 苦荬菜（图3-24-1至图3-24-3）

菊科苦荬菜属，一年生或越年生草本。又名多头苦荬菜、多头莴苣。分布于全国南北各地。

形态诊别 种子繁殖。以幼苗或种子越冬。根垂直直伸，生多数须根。茎直立，高10~80厘米，基部直径2~4毫米，全部茎枝无毛。基生叶线形或线状披针形，包括叶柄长7~12厘米，宽1~3厘米，顶端急尖，基部渐狭成长或短柄；中下部茎叶披针形或线形，长5~15厘米，宽1.5~2厘米，顶端急尖，基部箭头状半抱茎，向上或最上部的叶渐小，与中下部茎叶同形，基部箭头状半抱茎或长椭圆形，基部收窄，但不成箭头状半抱茎；全部叶两面无毛，大头羽状深裂，极少下部边缘有稀疏的小尖头。在茎枝顶端排成伞房状花序，分枝多数，花序梗细；总苞圆柱状，长5~7毫米；舌状小花黄色，极少白色，10~25枚。瘦果褐色，长椭圆形，长2.5毫米，宽0.8毫米，无毛；冠毛白色，纤细，不等长，长4毫米左右。春夏生长，花果期3~6月。

防治方法 深耕，加强田间管理，结合野生植物的利用在种子成熟前拔除全株。有效除草剂有扑草净、萘氧丙草胺、乙草胺、草甘膦、灭草松等。

25 小苦荬（图3-25-1至图3-25-3）

菊科小苦荬属，一年或多年生草本植物。又名苦麻菜、苦定菜、刺楬、天香菜、荼苦荚、甘马菜、老鹳菜、无香菜、女郎花、鹿肠马草；民间俗称苦菜；药名叫败酱草。分布全国各地。

形态诊别 种子和分株繁殖。根状茎短粗，生多数等粗的细根。茎直立，有分枝，高10~50厘米，基部直径1~3毫米，全部茎枝无毛。基生叶长倒披针形、长椭圆形、椭圆形，长1.5~15厘米，宽1~1.5厘米，不分裂，顶端急尖或钝，有小尖头，边缘全缘，但通常中下部边缘或仅基部边缘有稀疏的缘毛状或长尖头状锯齿，基部渐狭成长或宽翼柄，翼柄长2.5~6厘米，极少羽状浅裂或深裂，如羽状分裂，侧裂片1~3对，线状长三角形或偏斜三角形，通常集中在叶片的中下部；茎叶少数，小于、等于或大于基生叶，披针形或长椭圆状披针形或倒披针形，不分裂，基部扩大耳状抱茎，中部以下边缘或基部边缘有缘毛状锯齿；全部叶两面无毛。在茎枝顶端排成伞房状花序，花序梗细。总苞圆柱状，长7~8毫米。舌状小花5~7枚，黄色，少白色。瘦果纺锤形，长3毫米，宽0.6~0.7毫米，稍扁，褐色。冠毛麦秆黄色或黄褐色，长4毫米，微糙毛状。花果期4~8月。

防治方法 生长季节人工及时除草；种子成熟前清除，减少种子生成量。化学防治可用乙草胺、苯磺隆、噻磺隆、胺草磷、苄嘧磺隆、麦草畏、苯磺隆、阔草清、旱草灵、乙草胺、草除灵等除草剂。

26 地肤（图3-26-1至图3-26-4）

藜科地肤属，一年生草本植物。又名扫帚苗、扫帚菜、地麦、落帚、绿帚、孔雀松、观音菜。

形态诊别 种子繁殖。根略呈纺锤形。株丛紧密，株形呈卵圆至圆球形、倒卵形或椭圆形，茎多分枝，斜向上生长，具短柔毛，株高50~200厘米。不同品种茎、枝、叶分绿色、淡紫色、紫红色。主茎直立，圆柱状，有多数条棱，稍有短柔毛或下部几无毛，茎基部半木质化。叶为平面叶，披针形或条状披针形，单叶互生，长2~5厘米，宽3~9毫米，无毛或稍有毛，先端短渐尖，基部渐狭入短柄，通常有3条明显的主脉，边缘有疏生的锈色绢状缘毛；茎上部叶较小，无柄，1脉。穗状花序，开红褐色或淡白色小花，花极小。果实扁球形，可入药，叫地肤子。嫩茎叶可以食用，老株可用来作扫帚。花期6~9月，果期7~10月。

防治方法 及时中耕，携出园外集中堆沤；利用嫩叶可食特性，幼苗时拔除摘叶取食；有效除草剂有胺草磷、氟乐灵、乙氧氟草醚、敌草胺、异丙甲草胺、萘氧丙草胺、灭草松等。

27 山莴苣（图3-27-1至图3-27-5）

菊科山莴苣属，一年或越年生草本植物。又名北山莴苣、山苦菜。分布东北、华北、西北、华中等地。其幼苗和嫩茎、叶可以食用，是一种有开发价值的野菜，具药用价值。

形态诊别 种子和分株繁殖。以幼苗或种子越冬。根垂直直伸。茎直立，通常单生，淡红紫色或绿色，高50~130厘米。全部茎枝叶光滑无毛。中下部茎叶披针形、长披针形或长椭圆状披针形，长10~26厘米，宽2~3厘米，顶端渐尖、长渐尖或急尖，基部收窄，无柄，心形、心状耳形或箭头状半抱茎，边缘羽状深裂，叶尖大头或微锯齿状小尖头，极少边缘缺刻状或羽状浅裂；上部叶渐小，与中下部茎叶同形。头状花序含舌状小花约20枚，多数在茎枝顶端排成伞房花序或伞房圆锥花序，果穗长1. 1厘米；总苞片3~4层，不成明显的覆瓦状排列，通常淡紫红色；舌状小花蓝色或蓝紫色。瘦果长椭圆形或椭圆形，褐色或橄榄色，稍扁。冠毛白色纤细，2层，不脱落。春季温度回升即开始生长，6~8月生长旺盛，再生力强。果期7~9月。

防治方法 幼苗时铲除食用；成株时挖根清除，减少种子存留；还可用敌草胺、灭草松、噁草酮、扑草净、绿麦隆、氟磺胺草醚、西玛津、伏草隆等除草剂进行防除。

28 麦家公（图3-28-1至3-28-3）

紫草科紫草属，一年生或越年生草本植物。学名田紫草。分布于黄淮及以北地区。

形态诊别 种子繁殖，一般9~11月出苗，以幼苗越冬，春夏生长。茎自基部分枝或单一，高15~35厘米，自基部或仅上部分枝有短糙伏毛。根浅紫色。叶无柄，倒披针形至线形，长2~4厘米，宽3~7毫米，先端急尖，两面均有短糙伏毛。聚伞花序生枝上部，长可达10厘米，苞片与叶同形而较小；花序排列稀疏，有短花梗；花萼裂片线形，长4~5. 5毫米，通常直立，两面均有短伏毛；花冠白色、蓝色或淡蓝色。小坚果三角状卵球形，长约3毫米，灰褐色。花果期4~8月。

防治方法 幼苗时铲除食用；成株时彻底拔除，减少种子存留；还可用伏草隆、苯磺隆、苄嘧磺隆、精吡氟禾草灵、氟唑草酮、噻磺隆等除草剂进行防除。

29 米瓦罐（图3-29-1至图3-29-3）

石竹科蝇子草属，越年生或一年生草本植物，幼苗可食。又名麦瓶草、面条菜、净瓶、麦瓶子、麦黄菜。主要分布于华北和西北地区。

形态诊别 种子繁殖，以幼苗或种子越冬。黄河中下游9~10月间出苗，早春出苗数量较少，春夏生长。幼苗上胚轴不发达，子叶长椭圆形，长6~8毫米，宽2~3毫米，先端尖锐，子叶柄极短，略抱茎。初生叶2片，匙形，全缘；茎生叶对生，无柄，基部连合，长圆形或披针形，长5~8厘米，宽5~10毫米，全缘，先端尖锐。成株全体腺毛短。茎直立，高15~60厘米，单生或叉状分枝，节部略膨大。聚伞花序顶生或腋生，花少数，有梗；萼筒长2~3厘米，开花时呈筒状，果时下部膨大呈玉颈瓶形，裂片5。花瓣5片，倒卵形，紫红或粉红色。蒴果卵圆形或圆锥形，有光泽，包于宿存的萼筒内，中部以上变细，先端6齿裂。种子肾形，螺卷状，长约1.5毫米，红褐色。花期4~6月份，种子于5月份即渐次成熟。

防治方法 幼苗时铲除食用；成株时彻底拔除，减少种子存留；还可用精吡氟禾草灵、苯磺隆、苄嘧磺隆、乙氧氟草醚、氟唑草酮、噻磺隆等除草剂进行防除。

30 麦蓝菜（图3-30-1至图3-30-3）

石竹科麦蓝菜属，一年生或越年生草本植物，种子可作中药。又名王不留行、王不留、奶米、麦蓝子、剪金子、留行子。在我国分布东北、华北、西北、西南、华中等地。

形态诊别 种子繁殖，以幼苗或种子越冬。黄河中下游9~10月间出苗，早春出苗数量较少，春夏生长。根为主根系。茎单生，直立，上部分枝。主茎高30~70厘米，全株无毛，微被白粉，呈灰绿色。叶片卵状披针形或披针形，长3~9厘米，宽1.5~4厘米，基部圆形或近心形，微抱茎，顶端急尖。伞房花序稀疏；花梗细，长1~4厘米；苞片披针形，着生花梗中上部；花萼卵状圆锥形，长10~15毫米，宽5~9毫米，后期微膨大呈球形，棱绿色，棱间绿白色，近膜质，萼齿小，三角形，顶端急尖，边缘膜质；花瓣淡红色，5瓣，长14~17毫米，宽2~3毫米，狭楔形，淡绿色，瓣片狭倒卵形，斜展或平展，微凹缺。蒴果宽卵形或近圆球形，长8~10毫米；种子近圆球形，直径约2毫米，红褐色至黑色。花期5~7月，果期6~8月。

防治方法 幼苗时及时铲除；成株时彻底拔除，减少种子存留；还可用乙氧氟草醚、苯磺隆、嗪草酮、苄嘧磺隆、氟唑草酮、噻磺隆等除草剂进行防除。

31 豚草（图3-31-1至图3-31-4）

菊科豚草属，一年生草本恶性杂草，对禾木科、菊科等植物有抑制、排斥作用，并对人和其他动物有影响。又名豕草、普通豚草、艾叶破布草、美洲艾。原产北美洲，现分布于我国东北、华北、华中和华东等地，列入第一批《中国外来入侵物种名单》。

形态诊别 种子和无性繁殖。茎直立，高20～150厘米；上部有圆锥状分枝，有棱，被疏生糙毛。下部叶对生，具短叶柄，二次羽状分裂，裂片狭小，长圆形至倒披针形，有明显的中脉，上面深绿色，被细短伏毛或近无毛，背面灰绿色，被密短糙毛；上部叶互生，无柄，羽状分裂。

雄头状花序半球形或卵形，径4～5毫米，具短梗，下垂，在枝端密集成总状花序。总苞宽半球形或碟形；总苞片全部结合，无肋，边缘具波状圆齿，稍被糙伏毛。花托具刚毛状托片；每个头状花序有10～15个不育的小花；花冠淡黄色，长2毫米，有短管部，上部钟状，有宽裂片。

雌头状花序无花序梗，在雄头花序下面或在下部叶腋单生，或2～3个密集成团伞状，有1个能育的雌花，总苞闭合，具结合的总苞片，倒卵形或卵状长圆形，长4～5毫米，宽约2毫米，顶端有围裹花柱的圆锥状嘴部，在顶部以下有4～6个尖刺，稍被糙毛。

瘦果倒卵形，无毛，藏于坚硬的总苞中。花期8～9月，果期9～10月。

豚草再生力极强。茎、节、枝、根都可长出不定根，扦插压条后能形成新的植株，经铲除、切割后剩下的地上残条部分，仍可迅速地重发新枝。生育期参差不齐，交错重叠。出苗期从3月中下旬开始一直可延续到11月下旬，历时7个月之久；早、晚熟型豚草生育期相差1个多月，因此防治较困难。

防治方法 秋耕和春耕将种子埋入土中10厘米以下，抑制豚草种子萌发；春季当豚草大量出苗时进行春耙，可消灭大部分豚草幼苗；还可用嗪草酮、灭草松、氟磺胺草醚、百草枯、草甘膦、乙氧氟草醚等除草剂控制豚草生长。

32 美洲商陆（图3-32-1至图3-32-6）

商陆科商陆属，多年生草本植物。又名商陆、垂穗商陆、美国商陆果、十蕊商陆、垂序商陆。全国大部分地区都有分布。原产北美洲，是一种入侵植物，全株有毒，根及果实毒性最强。由于其根茎酷似人参，常被人误作人参服用。根、叶可作中药。

形态诊别 种子和分株繁殖。根粗壮肥大，倒圆锥形，肉质，外皮淡黄色，有横长皮孔，侧根甚多。茎直立，绿色或紫红色，多分枝，高1～2m，圆柱形。

单叶互生，具柄，柄的基部稍扁宽；叶长椭圆形或卵状椭圆形，质柔嫩，长12~15厘米，宽3~10厘米，先端急尖或渐尖，基部渐狭，全缘。全株光滑无毛。总状花序直立，生于茎顶端或侧枝上，长约15厘米，先端急尖，花序梗长4~12厘米；花被片5片，初白色后渐变为淡红色；雄蕊、心及花柱均为8~10个，心皮合生。果序一串串下垂，轴不增粗；浆果扁球形，多汁液，熟时呈深红紫色或黑色；种子肾形黑色具光泽。花、果期5~10月。

防治方法 幼苗期及时中耕，铲除；种子成熟前拔除，减少种子存留；有效除草剂有乙氧氟草醚、噁草酮、灭草松、扑草净、萘氧丙草胺、异丙甲草胺、乙氧氟草醚、百草枯等。

33 加拿大一枝黄花（图3-33-1至图3-33-3）

菊科一枝黄花属，多年生草本植物。又名黄莺、麒麟草。在我国很多地区有分布。

这种植物花形色泽亮丽，常用于插花中的配花。是外来生物。引种后逸生成恶性杂草。主要生长在河滩、荒地、公路两旁、农田边、农村住宅四周，不择条件，适生性强，繁殖力极强，传播速度快，生长优势明显，生态适应性广阔，与周围植物争阳光、争肥料，直至其他植物死亡，从而对生物多样性构成严重威胁。可谓是黄花过处寸草不生，故被称为生态杀手、霸王花。列入《中国外来入侵物种名单》。

形态诊别 种子和地下根茎繁殖。有长根状茎发达。茎直立、秆粗壮，高达3米左右，中下部直径可达2厘米，下部一般无分枝，常成紫红色。叶片披针形或线状披针形，互生，顶渐尖，基部楔形，近无柄，长5~12厘米。大多呈三出脉，边缘具锯齿。蝎尾状圆锥花序，长10~50厘米，具向外伸展的多个弯曲的花序分枝与单面着生的头状花序，头状花序长4~6毫米，在花序分枝上单面着生，花瓣黄色；总苞片线状披针形，长3~4毫米，边缘舌状花很短。

黄淮地区，3月份开始萌发，4~9月为营养生长，7月初植株通常高达1米以上，9月开花，10月至11月中旬果实成熟，一株植株可形成2万多粒种子，所以每株植株在第二年就能形成一丛或一小片。

防治方法 幼苗期发现及时拔除，特别是种子成熟前连根拔除，减少种子存留；如不能拔除根茎，剪掉穗部焚烧，防止种子、根状茎传播扩散；可以用地乐胺、扑草净、胺草磷、草甘膦、百草枯等除草剂进行防除。

34 鼠鞠草（图3-34-1至图3-34-3）

菊科鼠鞠草属，一年生草本植物。又名清明草、清明菜、寒食菜、念子花、佛耳草、绵菜、香芹娘。分布于我国华东、华南、华中、华北、西北及西南各地。

形态诊别 种子和地下根茎繁殖。春季发芽生长，全年生长期较长。全株茎叶有白色绵毛。茎直立或从基部发枝，斜向上生长，茎高10~50厘米，基部径粗约3毫米，上部不分枝，有沟纹，节间长8~20毫米，上部节间可长达5厘米以上。叶无柄，如菊叶而小，匙状倒披针形或倒卵状匙形，长5~7厘米，宽11~14毫米，上部叶长15~20毫米，宽2~5毫米，基部渐狭，顶端圆，具刺尖头，上部叶较薄，叶脉1条，下部叶片叶脉不明显。头状花序，近无柄，在枝顶密集成伞房花序，花黄色至淡黄色；总苞钟形，径2~3毫米；总苞片2~3层，金黄色或柠檬黄色，膜质，有光泽，外层倒卵形或匙状倒卵形，顶端圆，基部渐狭，长约2毫米；花托中央稍凹入，无毛。瘦果倒卵形或倒卵状圆柱形，长约0. 5毫米。冠毛粗糙，污白色，易脱落，长约1. 5毫米，基部联合成2束。花果期4~11月。

防治方法 幼苗时及时铲除食用；成株时挖根清除，减少种子存留；还可用灭草松、地乐胺、噁草酮、伏草隆、扑草净、绿麦隆、氟磺胺草醚、西玛津等除草剂进行化学防除。

35 地黄（图3-35-1至图3-35-5）

玄参科地黄属，多年生草本植物。又名生地、怀庆地黄、小鸡喝酒。因其地下块根为黄白色而得名地黄，其根部为传统中药之一。分布于辽宁、河北、河南、山东、山西、陕西、甘肃、内蒙古、江苏、湖北等地。

形态诊别 种子和地下根茎繁殖。根茎肉质肥厚，直径可达5. 5厘米，鲜时黄色。茎高10~30厘米，紫红色。叶通常在茎基部集成莲座状，向上则强烈缩小成苞片，或逐渐缩小而在茎上互生；叶片卵形至长椭圆形，上面绿色，下面略带紫色或成紫红色，长2~13厘米，宽1~6厘米，边缘具不规则圆齿或钝锯齿以至牙齿；基部渐狭成柄，叶脉在上面凹陷，下面隆起。花梗长0. 5~3厘米，梗细弱，弯曲而后上升，在茎顶部略排列成总状花序，或几乎全部单生叶腋而分散在茎上；花萼钟状，萼长1~1. 5厘米，密被长柔毛和白色长毛，具10条隆起的脉；萼齿5枚，矩圆状披针形或卵状披针形或三角形，长0. 5~0. 6厘米，宽0. 2~0. 3厘米；花冠长3~4. 5厘米；花冠筒状而弯曲，外面紫红色，少数黄色；花冠裂片，5枚，先端钝或微凹，内面黄紫色，外面紫红色，两面均被长柔毛，长5~7毫米，宽4~10毫米；雄蕊4枚；花柱顶部扩大成2枚片状柱头。蒴果卵形至长卵形，长1~1. 5厘米。花果期4~7月。

防治方法 幼苗时通过中耕清除，成株后适时挖根可作中药；还可用伏草隆、苯磺隆、苄嘧磺隆、氟唑草酮、毒草胺、噻磺隆等除草剂进行防除。

36 秃疮花（图3-36-1至图3-36-3）

罂粟科秃疮花属，多年生草本植物。又名秃子花、勒马回陕西、兔子花。分布于陕西、河南、青海、四川、云南、西藏、山西、甘肃等地海拔400 ~3700米的丘陵草坡或路旁，田埂。

形态诊别 种子和地下根茎繁殖。主根圆柱形。茎高25 ~ 80厘米，被短柔毛；茎绿色，具粉，上部具多数等高的分枝。基生叶丛生，叶片狭倒披针形，长10 ~ 15厘米，宽2 ~ 4厘米，羽状深裂，裂片4 ~ 6对，再次羽状深裂或浅裂，小裂片先端渐尖，顶端小裂片3浅裂，表面绿色，背面灰绿色，疏被白色短柔毛；叶柄条形，长2 ~ 5厘米，疏被白色短柔毛，具数条纵纹；茎生叶少数，生于茎上部，长1 ~ 7厘米，羽状深裂、浅裂或二回羽状深裂，裂片具疏齿，先端三角状渐尖；无柄。花1 ~ 5朵于茎和分枝先端排列成聚伞花序；花梗长2 ~ 2. 5厘米，无毛；具苞片。萼片卵形，长0. 6 ~ 1厘米，先端渐尖，无毛或被短柔毛；花瓣倒卵形，长1 ~ 1. 6厘米，宽1 ~ 1. 3厘米，黄色；雄蕊多数，花丝丝状，长3 ~ 4毫米，花药长圆形，长1. 5 ~ 2毫米，黄色；子房狭圆柱形，长约6毫米，绿色，密被疣状短毛，花柱短，柱头2裂，直立。蒴果线形，长4 ~ 7. 5厘米，粗约2毫米，绿色，无毛。种子卵珠形，长约0. 5毫米，红棕色，具网纹。花期3 ~ 5月，果期6 ~ 7月。

防治方法 园地深耕，捡拾地下根茎带出园外处理；结合全株可以入药的特性，有目的地挖除利用。采用毒草胺、唑草酮、氟乐灵、丁草胺、双氟磺草胺等除草剂进行防治。

37 地梢瓜（图3-37-1至图3-37-4）

萝藦科鹅绒藤属，多年生草本植物，全草及果实可入药。又名地梢花、女青、羊角、奶瓜。分布于我国东北、华北、西北、华中及江苏等地。

形态诊别 种子和地下根茎繁殖。地下茎单轴横生，地上茎多自基部分枝，铺散或倾斜，密被白色短硬毛，高10 ~ 30厘米。叶对生或近对生，线形，先端尖，基部楔形，全缘，向背面反卷，两面被短硬毛，中脉在背面明显隆起，近无柄；长3 ~ 5厘米，宽2 ~ 5毫米。伞形聚伞花序腋生，密被短硬毛；花萼外面被柔毛，5深裂，裂片披针形，先端尖；花冠绿白色，5深裂，裂片椭圆状披针形，先端钝，外面疏被短硬毛。蓇葖果单生，狭卵状纺锤形，被短硬毛，先端渐尖，中部膨大，长5 ~ 6厘米，直径2厘米；种子卵形，扁平，暗褐色，长8毫米。花期5 ~ 8月，果期8 ~ 10月。全株含橡胶1. 5%，树脂3. 6%，也可作工业原料；幼果可食。

防治方法 人工防除园地及周围地梢瓜，尽量减少田间地梢瓜来源；利用丁草胺、赛克津、异恶草松、咪草烟、氯嘧磺隆、氟磺胺草醚、杂草焚、乙草胺、2，4-滴丁酯、莠去津、氟乐灵、萘氧丙草胺、麦草畏等除草剂进行防除。

38 抱茎小苦荬（图3-38-1至图3-38-4）

菊科小苦荬属，一年或越年生草本植物。又名苦碟子、抱茎苦荬菜、苦荬菜、秋苦荬菜、盘尔草。分布于东北、华北、华中、西南等地海拔100 ~2700米的地区。

形态诊别 种子和地下根茎繁殖，春夏生长。根垂直直伸较短，不分枝或分枝较少。茎单生，直立，高15~60厘米；基部直径1~4毫米，全部茎枝及叶无毛。基生叶莲座状，匙形、长倒披针形或长椭圆形，包括基部渐狭的宽翼柄长3~15厘米，宽1~3厘米，边缘有锯齿，顶端圆形或急尖，或大头羽状深裂，顶裂片大，近圆形、椭圆形或卵状椭圆形，顶端圆形或急尖，边缘有锯齿，侧裂片3~7对，半椭圆形、三角形或线形，边缘有小锯齿；中下部茎叶长椭圆形、匙状椭圆形、倒披针形或披针形，与基生叶等大或较小，羽状浅裂或半裂，极少大头羽状分裂，向基部扩大，心形或耳状抱茎；上部茎叶及接花序分枝处的叶心状披针形，边缘全缘，极少有锯齿或尖锯齿，顶端渐尖，向基部心形或圆耳状扩大抱茎。头状花序多数或少数，在茎枝顶端排成伞房花序或伞房圆锥花序分枝，含舌状小花约17枚，总苞圆柱形，长5~6毫米；舌状小花黄色。瘦果黑色，纺锤形，长2毫米，宽0. 5毫米。冠毛白色，微糙毛状，长3毫米。花果期3~5月。

防治方法 及时中耕除草，特别是种子成熟前清除干净，减少种子存留扩散；有效除草剂有二甲戊灵、噁草酮、灭草松、丁草胺、萘氧丙草胺、异丙甲草胺、乙氧氟草醚、氟乐灵等，幼苗期使用效果好。

39 鹅绒藤（图3-39-1至图3-39-4）

萝藦科鹅绒藤属，多年生缠绕草本植物，全草可入中药。又名羊奶角角、牛皮消、软毛牛皮消、祖马花。分布于辽宁、内蒙古、河北、山西、陕西、宁夏、甘肃、山东、江苏、浙江、河南等地。

形态诊别 种子和地下根茎繁殖。主根圆柱状，长约20厘米，直径约5毫米，干后灰黄色；茎缠绕，多分枝；全株被短柔毛；叶对生，薄纸质，宽三角状心形，长4~9厘米，宽4~7厘米，顶端锐尖，基部心形，叶面深绿色，叶背苍白色，两面均被短柔毛，脉上较密；侧脉约10对，在叶背略为隆起。伞形聚伞花序腋生，两歧；花萼外面被柔毛；花冠白色，裂片长圆状披针形。蓇葖果双生或仅有1个发育，细圆柱状，向端部渐尖，长11厘米左右，直径5毫米；种子长圆形；种毛白色绢质。花期6~8月，果期8~10月。

防治方法　人工防除园地及周围鹅绒藤，尽量减少田间鹅绒藤来源；利用赛克津、二甲戊灵、异恶草松、咪草烟、氯嘧磺隆、氟磺胺草醚、杂草焚、乙草胺、2，4-滴丁酯、莠去津、氟乐灵、萘氧丙草胺、麦草畏等除草剂防除。

40 棒头草（图3-40-1至图3-40-4）

禾本科棒头草属，一年生草本杂草。除东北、西北冬季寒冷地区外，全国各地均有分布。

形态诊别　种子繁殖。以幼苗或种子越冬。在黄淮地区，10月中旬至11月上中旬出苗，翌年2月下旬至3月下旬返青，同时越冬种子亦萌发出苗，4月上旬出穗、开花，5月下旬至6月上旬颖果成熟，盛夏全株枯死。

成株秆丛生，基部膝曲，大都光滑，株高10~75厘米。叶鞘光滑无毛，大都短于或下部者长于节间；叶舌膜质，长圆形，长3~8毫米；叶片扁平，微粗糙或下面光滑，长2. 5~15厘米，宽3~4毫米。圆锥花序穗状，长圆形或卵形，较疏松，具缺刻或有间断，分枝长可达4厘米；小穗长约2. 5毫米，灰绿色或部分带紫色；颖长圆形，疏被短纤毛，芒从裂口处伸出，细直，微粗糙，长1~3毫米。颖果椭圆形，一面扁平，长约1毫米。

防治方法　及时清除果园内及周边、路旁的杂草，减少种源；用杂草沤制农家肥时，须高温堆沤2~4周，杀死种子。利用杀灭禾本科杂草禾草丹、吡氟禾草灵等除草剂进行防除。

果园害虫主要天敌保护与识别利用

01 食虫瓢虫（图4-1-1至图4-1-7）

属鞘翅目瓢虫科。瓢虫的种类多达4000种，其中80%以上是肉食性的。常见的有七星瓢虫、四斑月瓢虫、二星瓢虫、小红瓢虫、大红瓢虫、异色瓢虫、黑背小毛瓢虫、澳洲瓢虫、深点食螨瓢虫、黑襟毛瓢虫、龟纹瓢虫、孟氏隐唇瓢虫等，均为天敌昆虫。全国各产区均有分布。我国利用瓢虫防治果树害虫已达数十种。

防治对象 以成虫、幼虫捕食叶螨、蚜虫、介壳虫、粉虱、木虱、叶蝉等小体型昆虫及鳞翅目低龄幼虫和卵。

生活习性 捕食性瓢虫其食量很大，如异色瓢虫的1龄幼虫每天捕食蚜虫数量为10～30头，4龄幼虫为每天100～200头，成虫食量更大。而深点食螨瓢虫能捕食果树、蔬菜、花卉及林木等多种螨类的成虫、若虫和卵，它的成虫和幼虫发生时期长，世代重叠，食量大，对果树上的螨类有较好的控制作用。

利用方法

利用七星瓢虫等防治果树蚜虫 食蚜瓢虫除七星瓢虫外，还有四斑月瓢虫、二星瓢虫、异色瓢虫、龟纹瓢虫、六斑月瓢虫等。于4～5月间把麦田的上述瓢虫引移到果园，每亩移入千头以上，可有效地防治果树蚜虫。也可在早春利用田间的蚜虫饲养繁殖瓢虫，然后散放到果园中控制果树蚜虫效果好。

用澳洲瓢虫、大红瓢虫、小红瓢虫防治果树害虫吹绵蚧 4～6月移殖散放到果园中心枝叶茂密、吹绵蚧多的果树上，每500株受害树，散放200头成虫，散放后2个月可消灭吹绵蚧。

利用食螨瓢虫防治果树害螨 常用的有深点食螨瓢虫、广东食螨瓢虫、拟小食螨瓢虫、腹管食螨瓢虫。生产上华北地区用深点食螨瓢虫防治苹果叶螨效果很好。后3种分布东南地，在4、5月和9、10月将食螨瓢虫散放在果树枝条上，于每亩果园中央10株放200～400头，可控制山楂叶螨等。

02 草蛉（图4-2-1至图4-2-4）

属脉翅目草蛉科。幼虫又称蚜狮。草蛉种类多，分布广，食性杂。已知有86属1350多种，中国有15属百余种，常见的有中华草蛉、大草蛉、丽草蛉、叶色草蛉、晋草蛉等，分布在长江流域及北方各地。普通草蛉分布在新疆、黄淮、台湾等地。

防治对象 草蛉是捕食性天敌昆虫。成虫、幼虫捕食螨类、蚜虫类、白粉虱、叶蝉、介壳虫、蓟马等多种小体型害虫以及蝶蛾类和叶甲类的卵和幼虫。

生活习性　草蛉食量大，行动迅速，捕食能力强。草蛉在华北地区1年发生3~5代。其成虫产卵量大，少者300~400粒，多者达1000粒以上。草蛉发育一代需22~43天。1头大草蛉幼虫一生可捕食各类蚜虫600头以上；1头中华草蛉1~3龄幼虫平均日最多可分别捕食若螨400~700头，同时还可捕食其他害虫的卵和幼虫。中华草蛉控制害虫作用非常明显。

利用方法　晋草蛉嗜食螨类，可用于防治山楂叶螨、卵形短须螨。大草蛉嗜食蚜虫，用于防治果树上的蚜虫。利用方法是在上述螨类、蚜虫初发时投放即将孵化的灰色蛉卵，也可把蛉卵放入1%琼脂液中，用喷雾法施放。

草蛉的饲养：将新羽化的成虫集中大笼饲养，喂饲清水和啤酒酵母干粉加食糖混合（10 ： 8）的人工饲料，进入产卵前期转入产卵笼饲喂。每笼养雌草蛉50~75头，搭配少量雄虫，笼内壁围衬卵箔纸，24小时可获草蛉卵700~1000粒，每天更换卵箔纸1次，添加清水和饲料。把卵箔装进塑料袋封口置于8~12℃条件下，存放30天，卵仍可孵化。

03　寄生蜂、蝇类（图4-3-1至图4-3-9）

寄生蜂，属膜翅目，分属姬蜂科、小蜂科等。种类多，分布广。我国应用较多的有赤眼蜂、蚜茧蜂、甲腹茧蜂、上海青蜂、跳小蜂和姬小蜂、姬蜂和茧蜂等。

寄生蝇，属双翅目寄蝇科。是果园害虫幼虫和蛹的主要天敌，防治对象与寄生蜂类基本相同。与苍蝇的主要区别是身上有很多刚毛，种类很多。果树上常见的有卷叶蛾赛寄蝇、伞裙追寄蝇等，寄主为桃小食心虫、大袋蛾、棉蛉虫、小地老虎等。

防治对象　以雌成虫产卵于鳞翅目害虫，如桃蛀螟、果剑纹夜蛾、刺蛾、桃小食心虫、卷叶蛾及蚜虫等寄主体内或体外，以幼虫取食寄主的体液摄取营养，至寄主死亡。

生活习性　不同的寄生蜂对寄主的寄生方式不同，可以分别寄生卵、幼虫、蛹和成虫、若虫。

赤眼蜂　是一种寄生在害虫卵内的寄生蜂，我国应用较多的有松毛虫赤眼蜂、拟澳洲赤眼蜂、舟蛾赤眼蜂及稻螟赤眼蜂等。该类蜂体型很小，眼睛鲜红色，故名赤眼蜂。它能寄生400余种昆虫卵，尤其喜欢寄生鳞翅目昆虫卵，如果树上的刺蛾等，是果园害虫的重要天敌。果树上常见的松毛虫赤眼蜂，在自然条件下，华北地区1年发生10~14代，每头雌蜂可繁殖子代40~176头。利用松毛虫赤眼蜂防治果园梨小食心虫，每亩放蜂量8万~10万头，梨小食心虫卵寄生率为90%，虫害明显降低，其效果明显好于化学防治。

蚜茧蜂　是一种寄生在蚜虫体内的重要天敌。蚜茧蜂在4~10月均有成虫发生，每头雌蜂产卵量数粒至数百粒，尤其喜欢寄生2~3龄的若蚜，以6~9月寄生率较高，有时寄生率高达80%~90%，对蚜虫种群有重要的抑制作用。

甲腹茧蜂　果园常见的是桃小甲腹茧蜂，1年发生2代，寄主为桃小食心虫，以幼虫在桃小食心虫越冬幼虫体内越冬，世代发生与寄主同步。寄生率可达25%~50%。

跳小蜂和姬小蜂　旋纹潜叶蛾的主要天敌，均在寄主蛹内越冬。1年发生4~5代，越冬代成虫5月份将卵产于寄主幼虫体内，寄生率可达40%以上。

姬蜂和茧蜂　可寄生多种害虫的幼虫和蛹。果树上主要有桃小食心虫白茧蜂和花斑马尾姬蜂。白茧蜂1年发生4~5代，产卵于寄主卵内，随寄主卵孵化而取食发育，直至将寄主幼虫致死。马尾姬蜂1年发生2代，以幼虫在寄主幼虫体内越冬，翌春待寄主化蛹后将其食尽，并在寄主蛹壳内化蛹。

利用方法　以赤眼蜂为例。用蓖麻蚕、柞蚕及松毛虫的卵，繁殖松毛虫赤眼蜂和拟澳洲赤眼蜂，这两种赤眼蜂在蓖麻蚕卵内，25℃发育历期10~12天，每年可繁殖30~50代。繁殖时可从田间采集被赤眼蜂寄生的卵，羽化后进行鉴定再饲养。用于寄生的蓖麻蚕卵先洗掉表面胶质，用白纸涂薄胶后，把蚕卵均匀黏上制成卵箔或称卵卡。繁蜂时把卵箔置于繁蜂箱透光一面，当种蜂羽化30%~40%时接蜂。成蜂趋光并趋向蚕卵寄生。种蜂和蓖麻蚕卵的比为2：1或1：1，适温25~28℃，相对湿度85%~90%为宜。田间放蜂、繁蜂及防治对象的卵期应掌握恰当才能有效。制好的蜂卡要在蜂发育到幼虫期或预蛹期时，置于10℃以下冷藏保存，50~90天内羽化率不低于70%。放蜂时把即将羽化的预制蜂卡，按布局分放在田间，使其自然羽化，也可先在室内使蜂羽化、再饲以糖蜜，然后到田间均匀释放。防治发生代数较多或产卵期较长的害虫时，应在害虫产卵期内多放几次蜂。

04 捕食螨（图4-4-1）

属蛛形纲，分属不同的科。俗称红蜘蛛、黄蜘蛛等。是以捕食害螨为主的有益螨类的统称。我国有利用价值的捕食螨种类有智利小植绥螨、东方植绥螨、尼氏钝绥螨、穗氏钝螨、东方钝绥螨、拟长毛钝绥螨、西方盲走螨等。

防治对象　以成虫、若虫捕食害螨和蚜虫、介壳虫、叶蝉等小体型害虫和卵。

生活习性　在捕食螨中以植绥螨最为理想，它捕食凶猛，具有发育周期短、捕食范围广、捕食量大等特点，1头雌螨能消灭5头害螨在半月内繁殖的群体，同时还捕食一些蚜虫、介壳虫等小体型害虫。植绥螨发生代数因种类而异，一般1年发生8~12代，以雌成虫在枝干树皮裂缝或翘皮下越冬。幼螨孵化后随即取食，成螨、若螨均可捕食害螨的各虫态。

利用方法　我国对几种植绥螨的饲养繁殖，多采用隔水法：即在瓷盆内垫泡沫塑料，上盖一层薄膜，饲料和植绥螨放在薄膜上，盘中加浅水隔离，防止植绥螨逃逸。饲料以喜食的害螨为主，也可用20%~50%的蜂蜜水、鲜花粉或干燥2年的柑橘花粉为食料。适时在果园中释放植绥螨。果园内种植益螨栖息植物豆类等，增加其栖息场所和食料来源；合理灌溉，提高果园相对湿度；加强测报，必要时进行挑治，以利益螨繁殖，使益螨种群数量增加，维持益、害螨之间的数量平衡，把害螨控制在经济阈值允许的范围之内。

05 蜘蛛（图4-5-1至图4-5-8）

属蜘蛛纲蛛形目。种类多，种群的数量大，分属不同的科。我国有3000多种，现已定名1500余种，其中80%生活在果园中，是害虫的主要天敌。如三突花蛛、草间小黑蛛、八斑球腹蛛、拟水狼蛛等。

防治对象 为肉食性动物。捕食同翅目、鳞翅目、直翅目、半翅目、鞘翅目等多种害虫，如蚜虫、花弄蝶、毛虫类、椿象、叶蝉、飞虱、卷叶蛾等害虫的成虫、幼虫和卵。

生活习性 蜘蛛寿命较长，小体型半年以上，大体型可达多年；两性生殖，雄蛛体小，出现时间短，通常采到的多为雌蛛；抗逆性强，耐高温、低温和饥饿；为肉食性动物，性情凶猛，行动敏捷，专食活体，在它的视力范围或丝网附近的猎物很少能够逃脱；分结网和不结网两类，前者在地面土壤间隙做穴结网或在树冠上、草丛中结网，捕食落入网中的害虫，后者游猎捕食地面和地下害虫，也可从树上、草丛、水面或墙壁等处猎食，无固定的栖息场所。捕食时先用螯肢刺入活虫体内，注入毒液使之麻痹，然后取食。

利用方法 ①创造适于蜘蛛生存的环境条件，特别注意不要人为破坏蜘蛛结的丝网；收集田边、沟边杂草等处的蜘蛛，助其迁入果园。②人工繁殖。人工繁殖母蛛越冬，待其产卵孵化后，分批释放至果园，增加果园有益蛛量。或于2~3月田间收集越冬卵囊，冷藏在0℃左右的低温下，经40天对孵化无影响，待果树发芽后放入果园。③防治害虫时选择高效低毒农药，不准用剧毒农药，以免伤及害虫天敌。

06 食蚜蝇（图4-6-1至图4-6-4）

属双翅目食蚜蝇科。种类多，分布广。主要有黑带食蚜蝇、斜斑额食蚜蝇等。

防治对象 捕食果树蚜虫、叶蝉、介壳虫、飞虱、蓟马、叶螨等小体型害虫和蝶蛾类害虫的卵和初龄幼虫。

生活习性 成虫颇似蜜蜂，但腹部背面大多有黄色横带，喜取食花粉和花蜜。卵单产，白色，大多产于蚜虫群中或其周围。黑带食蚜蝇是果园中较常见的一种，幼虫蛆形，头尖尾钝，体壁上有纵向条纹，碰到蚜虫就用口器咬住不放，举在空中吸，把体液吸干后丢弃在一旁，又继续捕食；幼虫孵化后即可捕食蚜虫，每只幼虫一生可捕食数百头至数千头蚜虫；在华北地区1年发生4~5代，卵期3~4天，幼虫期9~11天，蛹期7~9天，多以末龄幼虫或蛹在植物根际土中越冬，翌春4月上旬成虫出现，4月下旬在果树及其他植物上活动取食，5~6月份各虫态发生数量较多，7~8月份蚜虫等食料缺乏时，幼虫在叶背或卷叶中化蛹越夏，秋季又继续取食或转移至果园附近农田或林木上产卵，孵化后继续取食蚜虫，秋后入土化蛹。

利用方法 ①种植蜜源植物，招引和诱集食蚜蝇繁衍。②人工繁殖和释放。③提倡使用低毒高效低残留农药，禁用剧毒农药，保护天敌。

07 食虫椿象（图4-7-1至图4-7-3）

属半翅目蝽总科。果园害虫天敌的一大类群，其种类很多。主要有茶色广喙蝽、东亚小花蝽、小黑花蝽、黑顶黄花蝽、光肩猎蝽、白带猎蝽、褐猎蝽等。

防治对象 以成虫、若虫捕食蚜虫、叶螨、介类、叶蝉、蓟马、椿象以及鳞翅目、鞘翅目害虫的卵及低龄幼虫。

生活习性 食虫椿象与有害椿象的区别：有害椿象有臭味，其喙由头顶下方紧贴头下，直接向体后伸出，不呈钩状。而食虫椿象大多无臭味，喙坚硬如锥，基部向前延伸，弯曲或呈钩状，不紧贴头下。在北方果区多数食虫椿象1年发生4代，发生期4~10月，若虫孵化后即可以取食，专门吸食害虫的卵汁或幼虫、若虫体液。捕食能力很强，1头小黑花蝽成虫日平均捕食各种虫态叶螨20头，卵20粒，蚜虫27头。以雌成虫在果树枝、干的翘皮下越冬，翌年4月开始活动取食。

利用方法 ①创造适于天敌活动的环境条件，招引和诱集。②人工繁殖和释放。③果园用药要选用对天敌杀伤力小的农药，保护天敌。

08 螳螂（图4-8-1至图4-8-4）

属螳螂目螳螂科。俗称砍刀。种类多，分布广，我国有50多种，常见的有广腹螳螂、大刀螳螂、薄翅螳螂、中华螳螂等。

防治对象 捕食蚜虫类、蛾蝶类、甲虫类、椿象类等60多种果园害虫，食性很杂。

生活习性 北方果区1年发生1代，以卵在树枝上越冬。每年5月下旬至6月下旬孵化为若虫，8月羽化为成虫，成虫交尾后，雌成虫即将雄成虫吃掉，9月后产卵越冬。自春至秋田间均有发生，成、若虫期100~150天，其间均可捕食害虫。若虫具有跳跃捕食习性，1~3龄若虫喜食蚜虫，特别是有翅蚜，3龄以后嗜食体壁较软的鳞翅目害虫，成虫则可捕食各类虫态的害虫。螳螂食量大，1只螳螂一生可捕食害虫2000多头。其捕食有两大特点，一是只捕食活的猎物；二是即使吃饱了，见到猎物不吃也要杀死，即螳螂特有的杀死性。

利用方法 ①人工繁殖和释放。螳螂产卵后，采集产有螳螂卵的枝条，放在室内保护越冬，第二年待初孵若虫出现时，释放到果园，每亩释放200~300头。②注意化学药剂的品种选择、喷药量和喷药时期，尽量避免在杀死害虫的同时也杀死螳螂。

09 白僵菌（图4-9-1）

虫生真菌，属半知菌类，是昆虫的主要病原真菌。

防治对象 可防治鳞翅目、鞘翅目、半翅目、同翅目、直翅目、膜翅目等200多种害虫的幼虫。如危害果树的桃小食心虫、桃蛀螟、刺蛾类、夜蛾类、梨虎象、柑橘卷叶蛾、拟小黄卷蛾、褐带长卷蛾、后黄卷叶蛾、荔枝蝽等。

作用机理 白僵菌菌剂一般为白色至灰白色粉状物，是白僵菌的分生孢子，国产白僵菌粉剂，每克含活孢子50亿~80亿个。菌剂喷洒到害虫体上后，菌丝穿透幼虫体壁，在体内大量繁殖，经2~3天致害虫死亡。死虫体壁坚硬，体表长满白色菌丝及孢子，称为白僵虫。虫体上的孢子随风扩散，遇到其他害虫又可传染，使害虫致病死亡。白僵菌寄主专一性强（对桃小食心虫的自然寄生率可达20%~60%），持效性强，可保护天敌，致死害虫速度虽不及化学农药效果明显，但对环境不会造成污染。

利用方法 ①用于防治桃小食心虫和蛴螬。在果园桃小越冬幼虫出土和脱果初期，以及蛴螬活动盛期，树下地面喷洒白僵菌粉每平方米8克，与25%辛硫磷微胶囊剂每平方米0. 3毫升混合液，防效明显。②用白僵菌高效菌株 B-66处理地面，可使桃小食心虫出土幼虫大量感病死亡，幼虫僵死率达85. 6%，并显著降低蛾、卵数量。③防治蚜虫。在蚜虫发生严重时，喷洒白僵菌制剂，感染该菌的蚜虫死后表面呈白色，症状明显。

注意 利用白僵菌制剂防治害虫，菌液要随配随用，配好的菌液应在2小时内喷完，以免孢子过早萌发，失去致病力；田间湿度大、菌剂与虫体接触，防治效果才好。

10 苏云金杆菌

属细菌。又叫 Bt，亦称“424”。另外，杀螟杆菌、青虫菌、松毛虫杆菌、

"7216"等都属于苏云金杆菌类。利用其制成的杀虫剂称为细菌杀虫剂。

防治对象 能杀死农林、果树等多种害虫，尤其对鳞翅目幼虫如刺蛾类、卷叶蛾类、桃蛀螟、桃小食心虫、枣尺蠖等防治效果好。且对草蛉、瓢虫等捕食性天敌无害。

作用机理 是目前世界上产量最大的微生物杀虫剂。已有100多种商品制剂。其制剂因采用的原料和方法不同，呈浅黄色、黄褐色或黑色粉末，每克含活孢子100亿~300亿个。可以喷雾、喷粉、泼浇或制成毒土和颗粒剂。杀虫细菌是一种好气性细菌，芽孢对高温忍耐力较强，制剂不受潮湿、保存适当可数年不丧失毒力。其杀虫机理是害虫食菌后破坏害虫的肠道，影响取食，致害虫死亡。杀虫效果对老熟幼虫比幼龄害虫好。

利用方法 ①喷雾防治桃蛀螟、刺蛾和卷叶蛾类。选择有露水的早晨或空气湿度较大的傍晚，用每克含活孢子数为100亿的菌粉300~500倍液喷雾，使用时加0.1%的洗衣粉或豆面作黏着剂，提高防治效果。②菌粉应放在干燥阴凉处保存，避免水湿、暴晒，对家蚕有毒，严禁在桑园使用。因杀虫速度比化学农药慢，施药期应稍加提前。

11 核多角体病毒

感染昆虫的病毒有三大类，即多角体病毒（NPV）、颗粒病毒和无包涵病毒，利用最多的是多角体病毒。

防治对象 感染近200种昆虫发病，主要是鳞翅目昆虫幼虫，如大袋蛾等。

利用方法 饲养健康的幼虫至3龄末时，用带病毒的饲料喂食使其感染，3天后幼虫开始死亡。将死虫收集在棕色瓶里，即制成毒剂，贮存备用。防治大袋蛾时，可在卵盛期喷布。每亩用30~50头死虫研碎，用二层纱布过滤后再用少量清水冲洗加至所需水量，每亩所用病毒制剂内加30克充分研碎的活性炭保护剂提高防效。每代需喷2~3次，相隔5~7天。防治2次的防效达84%以上，高于其他化学农药，且可以保护天敌。

12 食虫鸟类（图4-12-1至图4-12-6）

我国以昆虫为主要食料的鸟类约有600种。常见的有大山雀、燕子、大杜鹃、大斑啄木鸟、灰喜鹊、喜鹊、戴胜、黄鹂、柳莺等。

防治对象 可啄食多种农、林、果害虫，主要有叶蝉、叶蜂、蚜虫、木虱、椿象、金龟甲、蝶蛾类幼虫等，果园内所有害虫都可能被取食，对害虫的控制作用非常大。虽然鸟类也啄食成熟的果实，使果实失去食用价值，但利大于弊。

生活习性

大山雀　山区、平原均有分布，地方性留鸟，喜在果园及灌木丛中活动，善跳跃和飞翔。多在树洞、墙洞中筑巢，产卵3～5枚。食量很大，1头大山雀一天捕食害虫的数量相当于自身体重，在大山雀的食物中，农林害虫数量约占80%。

大杜鹃　夏候鸟或旅鸟，和鸽子大小相近，喜栖息在开阔的林地，以取食大型害虫为主，特别喜食一般鸟类不敢啄食的毛虫，如刺蛾等害虫的幼虫，1头成年杜鹃一天可捕食300多头大型害虫。

大斑啄木鸟　身体上黑下白，尾下呈红色。在树上活动时，一面攀登，一面以嘴快速叩树，叩树之声不绝于耳，若树上有虫，则快速啄破树皮，用舌钩出害虫吞食，主要捕食鞘翅目害虫、椿象、天牛蛀干幼虫等。食量很大，每天可取食1000～1400头害虫幼虫。

灰喜鹊　留鸟。全体灰色，灵活敏捷，善飞翔，喜在密集的果园和森林中群居和筑巢。喜食金龟子、刺蛾、蓑蛾等30余种害虫，1只灰喜鹊全年可吃掉1.5万头害虫。

保护利用　①禁止人为破坏鸟巢，禁止捕猎、毒害鸟类。②招引鸟类。冬季在果园为食虫益鸟给饵、在干旱地区给水、在果园栽植益鸟食饵植物、在果园内设置人工鸟巢箱等，为益鸟的栖息和繁殖创造条件。③避免频繁使用广谱性杀虫剂，以免误伤鸟类。④人工饲养和驯化当地鸟类，必要时可操纵其治虫。

13　蟾蜍（癞蛤蟆）、青蛙（图4-13-1，图4-13-2）

蟾蜍是无尾目蟾蜍科动物的总称，全国各地均有分布，有300多种。青蛙是无尾目蛙科动物的总称，有650余种。蛙和蟾蜍的区别：皮肤比较光滑、身体比较苗条、善于跳跃、会游泳的称为蛙；而皮肤比较粗糙、身体比较臃肿、不善跳跃、不会游泳的称为蟾蜍。

防治对象　主要捕食蚱蜢、蝶蛾类幼虫、象鼻虫、蝼蛄、金龟甲、蚜虫等多种害虫。

生活习性　蛙和蟾蜍冬季多潜伏在水底淤泥里或烂草里，也有的在陆上泥土里越冬。从春末至秋末，白天栖息于石块下、草丛、土洞或池塘、水沟、小河内。黄昏和夜间捕食，有的昼夜均可取食，但以夜间的为多，尤其喜雨后捕食各种害虫，捕食量大，一头青蛙日捕食70多头害虫，对控制果园害虫效果明显。

利用方法　①禁止捕食青蛙和捕捞蝌蚪。②合理使用农药，禁止使用高毒、高残留农药，保护蛙类。③有目的地饲养。当田埂边或将要断水的沟渠中有蛙卵和蝌蚪时，及时捞取，放入有水沟渠中，使蛙卵正常孵化和蝌蚪正常生长。

第5章

果园病虫草无公害综合防治

01 适宜果园使用的农药种类及其合理使用

无公害果品生产使用的农药药剂，必须是经国家正式登记的产品，不能使用有致癌、致畸、致突变的危险的或有嫌疑的药剂。

（一）允许使用的部分农药品种及使用要求

在果园无公害果品生产中，要根据防治对象的生物学特性和危害特点合理选择允许使用的药剂品种。主要种类有：

1. 植物源杀虫、杀菌素

包括除虫菊素、鱼藤酮、烟碱、苦参碱、植物油、印楝素、苦楝素、川楝素、茼蒿素、松脂合剂、芝麻素等。

2. 矿物源杀虫、杀菌剂

包括石硫合剂、波尔多液、机油乳剂、柴油乳剂、石悬剂、硫黄粉、草木灰、腐必清等。

3. 微生物源杀虫、杀菌剂

如 Bt 乳剂、白僵菌、阿维菌素、中生菌素、多氧霉素和农抗120等。

4. 昆虫生长调节剂

如灭幼脲、除虫脲、卡死克、性诱剂等。

5. 低毒低残留化学农药

（1）主要杀菌剂有5%菌毒清水剂、80%喷克可湿性粉剂、80%大生 M-45可湿性粉剂、70%甲基硫菌灵可湿性粉剂、50%多菌灵可湿性粉剂、40%氟硅唑乳油、1%中生菌素水剂、70%代森锰锌可湿性粉剂、70%乙膦铝锰锌可湿性粉剂、834康复剂、15%三唑酮乳油、75%百菌清可湿性粉剂、50%异菌脲可湿性粉剂等。

（2）主要杀虫杀螨剂有1%阿维菌素乳油、10%吡虫啉可湿性粉剂、25%灭幼脲3号悬浮剂、50%辛脲乳油、50%蛾螨灵乳油、20%杀铃脲悬浮剂、50%马拉硫磷乳油、50%辛硫磷乳油、5%尼索朗乳油、20%螨死净悬浮剂、15%哒螨灵乳油、40%蚜灭多乳油、99. 1%加德士敌死虫乳油、5%卡死克乳油、25%噻嗪酮可湿性粉剂、25%抑太保乳油等。

允许使用的化学合成农药每种每年最多使用2次，最后一次施药距安全采收间隔期应在20天以上。

（二）限制使用的部分农药品种及使用要求

限制使用的化学合成农药品种主要有48%哒嗪硫磷乳油、50%抗蚜威可湿性粉剂、25%辟蚜雾水分散粒剂、2. 5%三氟氯氰菊酯乳油、20%甲氰菊酯乳油、30%桃小灵乳油、80%敌敌畏乳油、50%杀螟硫磷乳油、10%歼灭乳油、2. 5%

溴氰菊酯乳油、20%氰戊菊酯乳油、40%乐果乳油等。

无公害果品生产中限制使用的农药品种，每年最多使用1次，施药距安全采收间隔期应在30天以上。

（三）禁止使用的农药

在无公害果品生产中，禁止使用剧毒、高毒、高残留、致癌、致畸、致突变和具有慢性毒性的农药，主要包括：

有机磷类杀虫剂：甲拌磷、乙拌磷、久效磷、对硫磷、甲基对硫磷、甲胺磷、甲基异柳磷、特丁硫磷、甲基硫环磷、治螟磷、内吸磷、氧化乐果、磷胺、灭线磷、硫环磷、蝇毒磷、地虫硫磷、氯唑磷、苯线磷、水胺硫磷。

氨基甲酸酯类杀虫剂：克百威、涕灭威、灭多威。

二甲基甲脒类杀虫剂：杀虫脒。

取代苯类杀虫剂：五氯硝基苯、五氯苯甲醇。

有机氯杀虫剂：滴滴涕、六六六、毒杀芬、二溴氯丙烷、林丹。

有机氯杀螨剂：三氯杀螨醇、克螨特。

砷类杀虫、杀菌剂：福美胂、甲基砷酸锌、甲基砷酸铁铵、福美甲、砷酸钙、砷酸铅。

氟制类杀菌剂：氟化钠、氟化钙、氟乙酰胺、氟铝酸钠、氟硅酸钠、氟乙酸钠。

有机锡杀菌剂：三苯基醋酸锡、三苯基氯化锡。

有机汞杀菌剂：氯化乙基汞（西力生）、醋酸苯汞（赛力散）。

二苯醚类除草剂：除草醚、草枯醚。

以及国家规定无公害果品生产禁止使用的其他农药。

（四）无公害果品生产中允许和禁止使用的天然植物生长调节剂及使用要求

允许使用的植物生长调节剂及使用要求：如赤霉素类、细胞分裂素类（如苄基腺嘌呤[BA]、玉米素等），要求每年最多使用一次，施药距安全采收期间隔应在20天以上。也可使用能够延缓生长、促进成花、改善树体结构、提高果实品质及产量的其他生长调节物质，如乙烯利、矮壮素等。

禁止使用污染环境及危害人体健康的植物生长调节剂。如比久（B9）、萘乙酸、2，4-二氯苯氧乙酸（2,4-滴）等。

（五）科学合理使用农药

1. 对症施药

根据田间的病虫害种类和发生情况选择农药，防治病虫害以保护性杀菌剂为基础。

2. 适时施药

根据预测预报和病虫害的发生规律，确定使用药剂的最佳时期。

3. 使用农药要喷布均匀周到

选择合适的药械和使用方法，保证使用的农药准确、均匀、到位。

4. 严格按照农药的使用剂量使用农药

同一种类的允许使用的药剂、一个生长周期：一般保护性杀菌剂可以使用3~5次；具有内吸性和渗透作用的农药可以使用1~2次，最好只使用1次；杀虫剂可以使用1~2次，最好使用1次。

5. 严格按农药的安全间隔期使用农药

允许使用的农药品种，禁止在采收前20天内使用。限制使用的农药禁止在采收前30天内使用。如果出现特殊情况，需要在采收前安全间隔期内使用农药，必须在植物保护专家指导下采取措施，确保食品安全。

6. 严格对使用农药的安全管理

每一个生产者，必须对果园中使用农药的时间、农药名称、使用剂量等进行严格、准确的记录。

7. 严禁使用未经国家有关部门核准登记的农药化合物

8. 其他情况按国家标准《农药合理使用准则》GB/T8321（所有部分）规定执行

02 病虫害无害化综合防治

（一）病虫害防治的基本原则

病虫无公害防治的基本原则是综合利用农业的、生物的、物理的防治措施，创造不利于病虫害发生而有利于各类自然天敌繁衍的生态环境，通过生态技术控制病虫害的发生。优先采用农业防治措施，本着“防重于治”“农业防治为主、化学防治为辅”的无公害防治原则，选择合适的可抑制病虫害发生的耕作栽培技术，平衡施肥、深翻晒土、清洁果园等一系列措施控制病虫害的发生。尽量利用灯光、色彩、性诱剂等诱杀害虫，采用机械和人工以及热消毒、隔离、色素引诱等物理措施防治病虫害。病虫害一旦发生，需采用化学方法进行防治时，注意严禁使用国家明令禁止使用的农药、果树上不得使用的农药，并尽量选择低毒低残留、植物源、生物源、矿物源农药。

（二）病虫害防治的基本措施

1. 农业防治

农业防治是根据农业生态环境与病虫发生的关系，通过改善和改变生态环境，调整品种布局，充分应用品种抗病、抗虫性以及一系列的栽培管理技术，有目的地改变果园生态系统中的某些因素，使之不利于病虫害的流行和发生，达到控制病虫危害，减轻灾害程度，获得优质、安全的果品的目的。农业防治方法是果园生产管理中的重要部分，不受环境、条件、技术的限制，虽不如化学防治那样能够直接、迅速地杀死病虫，却可以长期控制病虫害的发生，大幅度减少化学药剂的使用量，有利于果园长期的可持续发展。

（1）植物检疫。植物检疫是贯彻“预防为主、综合防治”的重要措施之一，即凡是从外地引进或调出的苗木、种子、接穗、果品等，都应进行严格检疫，防止危险性病虫害的扩散。

（2）清理果园，减少病源。果园中多数病虫在病枝或残留在园中的病叶、病果上越冬、越夏，及时清理果园，可以破坏病虫越冬的潜藏场所和条件，有效地减少病害侵染源，降低害虫发生基数，可以很好地预防病害的流行和虫害的发生。秋季或早春清扫枯枝落叶，集中高温堆沤，可消灭其中越冬病菌和害虫。结合修剪，剪除病虫枝条、病芽，摘除病虫果、叶，剪除病虫枝条可以有效地防治天牛类、刺蛾类、食心虫、介壳虫等。对于病虫株残体和落在地面上的病虫果，应及时清除并高温堆沤或深埋，可以大大减少病虫的传播与危害。此外，及时清除田间杂草，不但减少杂草种子在果园的残留，亦可以大大减少害虫寄生的机会。

（3）合理整形修剪，改善果园通风透光条件。果园在密闭条件下病虫害发生严重，过于茂盛的枝叶常成为小型昆虫繁衍的有利场所。合理整形修剪，使树体枝组分布均匀，改善了树冠内通风透光条件，可以有效地控制病虫害的发生。

（4）科学施肥，合理灌溉。加强肥、水管理对提高树体抵抗病虫害能力有明显的效果，特别是对具有潜伏侵染特点的病害和具有刺吸口器害虫的抵抗作用尤其明显。施肥种类及用量与病虫害发生有密切关系，不要过量施用氮肥，避免引起枝叶徒长，树冠内郁闭，而诱发病虫发生。厩肥堆积过多，常成为蝇、蚊、蛴螬等土栖昆虫的栖息繁殖场所。因此，提倡配方施肥、平衡施肥、多施充分腐熟的有机肥、增施磷钾肥，以提高植株抗病性，增强土壤通透性，改善土壤微生物群落，提高有益微生物的生存数量，并保证根系发育健壮。此外，减少氮肥，增施磷钾肥，能增强树体对病害侵染的抵抗力。

果园湿度过大，易导致真菌类病害疫情的发生，湿度越大病害越重。而果树生长中后期灌水过多，易使果树贪青徒长，枝条发育不充实，冬季抵抗冻害的能力差。因此，果园浇水应尽量避免大水漫灌，以免造成园内湿度过大，诱发病害发生，宜尽量采用滴灌等节水措施。利用滴灌技术、覆盖地膜技术可以有效地控制园内空气湿度，防止病害的发生。遇大雨后应及时排水，避免影响果树生长和降低抵抗病虫害能力。

（5）刮树皮，刮涂伤口，树干涂白。危害果树的多种害虫的卵、蛹、幼虫、成虫，以及多种病菌孢子隐居在树体的粗翘皮裂缝里休眠越冬，而病虫越冬基数与来年危害程度密切相关，应刮除枝、干上的粗皮、翘皮和病疤，铲除腐烂病、干腐病等枝干病害的菌源，同时还可以促进老树更新生长。刮皮一般以入冬时节或第二年早春2月间进行，不宜过早或过晚，以防止树体遭受冻害以及失去除虫治病的作用。幼龄树要轻刮，老龄树可重刮。操作动作要轻，防止刮伤嫩皮及木质部，影响树势。一般以彻底刮去粗皮、翘皮，不伤及白颜色的活皮为限。刮皮后，皮层集中烧毁或深埋，然后用石灰水涂白剂，在主干和大枝伤口处进行涂白，既可以杀死潜藏在树皮下的病虫，还可以保护树体不受冻害。石灰涂白剂的配制材料和比例：生石灰10千克，食盐150~200克，面粉400~500克，加清水40~50千克，充分溶化搅拌后刷在树干伤口处，以不流淌、不起疙瘩为度。由虫伤或机械伤引起的伤口，是最容易感染病菌和害虫喜欢栖息的地方，应将腐皮朽木刮除，用刀削平伤口后，涂上5波美度石硫合剂或波尔多液消毒，促进伤口早日愈合。

（6）刨树盘。刨树盘是果树管理的一项常用措施，该措施既可起到疏松土壤、促进果树根系生长作用，还可将地表的枯枝落叶翻于地下，把土中越冬的害虫翻于地表。

（7）树干绑缚草绳，诱杀多种害虫。不少害虫喜在主干翘皮、草丛、落叶中越冬，利用这一习性，于果实采收后在主干分枝以下绑缚3~5圈松散的草绳，诱集消灭害虫。草绳可用稻草或谷草、棉秆皮拧成，绑缚要松散，以利于害虫潜入。

（8）人工捕虫。许多害虫有群集和假死的习性，如多种金龟子有假死性和群集危害的特点，可以利用害虫的这些习性进行人工捕捉。再如黑蝉若虫可食，在若虫出土季节，可以发动群众捕而食之。

（9）园内种植诱集作物，诱集害虫集中危害而消灭。利用桃蛀螟、桃小食心虫对玉米、高粱趋性更强的特性，园内种植玉米、高粱等，诱其集中危害而消灭。

（10）园内放养鸡、鸭等家禽，啄食害虫，减轻危害。

2. 物理防治

是根据害虫的习性而采取防治害虫方法。

（1）灯光诱杀（图5-1-1，图5-1-2）。①黑光灯诱杀。常用20瓦或40瓦黑光灯管做光源，在灯管下接一个水盆或一个广口瓶，瓶中放些毒药，以杀死掉落的害虫。此法可诱杀晚间出来活动的害虫，如桃蛀螟、黄刺蛾、茎窗蛾成虫等。②频振式杀虫灯。利用大多数害虫晚上有趋光的特性，运用光、波、色、味4种诱杀方式杀灭害虫，它的主要元件是频振灯管和高压电网，频振灯管能产生特定频率的光波，引诱害虫靠近，高压电网缠绕在灯管周围能将飞来的害虫杀死或击昏，即近距离用光，远距离用波、黄色光源、性信息等原理设计的杀虫灯，以达到防治害虫的目的。

频振式杀虫灯使用方法：可利用路两旁的电线杆或吊挂在牢固的物体上。灯间距离180~200米，离地面高度1.5~1.8米，呈棋盘式分布，挂灯时间为5月初至10月下旬。接通电源，按下开关，指示灯亮即进入工作状态。

（2）糖醋液诱杀。许多成虫对糖醋液有趋性，因此，可利用该习性进行诱杀。方法是在成虫发生的季节，将糖醋液盛在水碗或水罐内制成诱捕器，将其挂在树上，每天或隔天清除死虫。糖醋液的制备方法：酒、水、糖、醋按1：2：3：4的比例，放入盆中，盆中放几滴农药，并不断补足糖醋液。

（3）黏虫板诱杀害虫（图5-2-1）。利用昆虫的趋黄性诱杀害虫，可防治潜蝇成虫、粉虱、蚜虫、叶蝉、蓟马等小型昆虫；而蓝色板诱杀叶蝉效果更好，配以性诱剂可扑杀多种害虫的成虫。

黏虫板制作方法：购买黏虫纸，或用柠檬黄色塑料板、木板、硬纸箱板等材料，大小约20厘米×30厘米，先在板两面涂抹柠檬黄色油漆后，再均匀涂上一层黏虫胶或黄油、机油即可。

挂板方法及时间：于4月初至10月下旬挂板。田间用竹（木）细棍支撑固定，每亩均匀插挂20块黄板，呈棋盘式分布，高度比植株稍高，太高或太低效果均较差。当纸或板上粘虫面积占板表面积的60%以上时更换，板上胶不黏时及时更换。为保证自制黄板的黏着性，需1周左右重新涂1次。悬挂方向以板面东西方向为宜。

（4）树干缠粘虫带。利用害虫在树干上爬行，上树为害、下树栖息或化蛹等习性，在树干上缠普通塑料带或缠上涂有粘虫胶、黄油、机油的塑料胶带，设置阻截障碍，达到杀灭害虫的目的，对防治尺蠖类害虫及一些频繁上下树的害虫防治效果很好，减少了用药，又避免了对人、益虫、鸟类、环境造成的危害和污染（图5-3-1至图5-3-3）。

（5）涂捕虫圈（图5-4-1）。用捕虫胶在树干与树杈交界处，涂一圈，宽3~4厘米，捕杀天牛效果好：天牛产卵前在树的枝干多次来回爬行找适宜产卵的地方。一般选择斜着向上光滑部位，用嘴扒开树皮长约1.5厘米、宽约0.8厘米的小穴，将一粒卵产入，再用树皮盖住，产一粒卵换一个地方。在树干上涂几道捕虫圈，捕杀天牛的效率非常高，将天牛等害虫消灭在产卵之前，使林果类树体少受危害。

（6）高浓度虫胶、黏鼠板捕鼠。鼠害重的果园在老鼠经常出没走道上，放置黏鼠板或摊一小块高浓度虫胶，又不引起老鼠注意。老鼠通过时踩上就被粘住。

（7）防虫网（图5-5-1）。通过覆盖在棚架上的防虫网，构建人工隔离屏障，将害虫拒之网外，切断害虫传播途径，有效控制被保护地各类害虫的发生危害和与害虫传播有关的病害发生，减少了果园化学农药的施用，并具有抵御暴风、雨冲刷和冰雹侵袭等自然灾害的功能，是一种简便、科学、有效的防虫、防病措施。防虫网的孔径，以20~32目为宜，好的防虫网，正确使用和保管可利用3~5年。

（8）性外激素诱杀（图5-6-1，图5-6-2）。昆虫性外激素是由雌成虫分泌的用以招引雄成虫来交配的一类化学物质。通过人工模拟其化学结构合成的昆虫性外激素已经进入商品化生产阶段。性外激素已明确的果树害虫种类有30多种。目前国内外应用的性外激素捕获器类型有5大类20多种。如黏着型、捕获型、杀虫剂型、电击型和水盘型。我国在果树害虫防治上已经应用的有桃蛀螟、桃小食心虫、桃潜蛾、梨小食心虫、苹果小卷叶蛾、苹果褐卷叶蛾、梨大食心虫、金纹细蛾等昆虫的性外激素。捕获器的选择要根据害虫种类、虫体大小、气象因素等，确定捕获器放置的地点、高度和用量。①利用性外激素诱杀。在果园放置一定数量的性外激素诱捕器，能够诱捕到雄成虫，导致雌、雄成虫的比例失调，减少了自然界雌、雄虫交配的机会，从而达到治虫的目的。②干扰交配（成虫迷向）。在果园内悬挂一定数量的害虫性外激素诱捕器诱芯，作为性外激素散发器。这种散发器不断地将昆虫的性外激素释放到田间，使雄成虫寻找雌成虫的联络信息发生混乱，从而失去交配的机会。在果园的试验结果表明，在每亩内栽植110棵果树的情况下，每棵树上挂3~5个桃小食心虫性外激素诱芯，能起到干扰成虫交配的作用。打破害虫的生殖规律，使大量的雌成虫不能产下受精卵，从而极大地降低幼虫数量。

（9）水喷法防治。在果树休眠期（11月中下旬）用压力喷水泵喷枝干，喷到流水程度，可以消灭在枝干上越冬的介壳虫。

（10）果实套袋（图5-7-1至图5-7-3）。果实套袋栽培是近几年我国推广的优质果品技术。果实套袋后，既能增加果实着色、提高果面光洁度、减少裂果，还能防止病菌和害虫直接侵染果实，减少农药在果品中的残留。目前国内用于果实套袋用袋按材质分主要有塑料薄膜袋、白色木浆纸袋、无纺布袋、双层纸袋等。

3. 生物防治

运用有益生物防治果树病虫害的方法称为生物防治法。生物防治是进行无公害果品生产、有效防治病虫害的重要措施。在果园自然环境中有数百种有益天敌昆虫资源和能促使果树害虫致病的病毒、真菌、细菌等微生物。保护和利用这些有益生物，是果品病虫无公害防治的重要手段。生物防治的特点是不污染环境，对人、畜安全无害，无农药残留，符合果品无公害生产的目标，应用前景广阔。但该技术难度较大，研究和开发水平较低，目前应用于防治实践的有效方法还较少。各果园可以因地制宜，选择适合自己的生物防治方法，并与其他防治方法相结合，采取综合治理的原则防治病虫害。

（1）利用寄生性天敌昆虫防治虫害（图5-8-1）。寄生性昆虫活动特点，是以雌成虫产卵于寄主体内或体外，以幼虫取食寄主的体液摄取营养，从而导致寄主（害虫）死亡。而它的成虫则以花粉、花蜜等为食或不取食。除了成虫以外，其他虫态均不能离开寄主而独立生活。果园害虫天敌主要有：寄生卷叶虫的中国齿腿姬蜂、卷叶蛾瘤姬蜂、卷叶蛾绒茧蜂；寄生梨小食心虫的梨小蛾姬蜂、梨小食心虫聚瘤姬蜂；寄生潜叶蛾、刺蛾的刺蛾紫姬蜂、刺蛾白跗姬蜂、潜叶蛾姬小蜂等寄生蜂类。寄生鳞翅目害虫幼虫和蛹的寄生蝇类，如寄生梨小食心虫的稻苞虫赛寄蝇、日本追寄蝇；寄生天幕毛虫的天幕毛虫追寄蝇、普通怯寄蝇等。

（2）利用捕食性天敌昆虫防治害虫。捕食性天敌昆虫靠直接取食猎物或刺吸猎物体液来杀死害虫，致死速度比寄生性天敌快得多。如捕食叶螨类的深点食螨瓢虫、腹管食螨瓢虫、大草蛉、中华通草蛉、食蚜瘿蚊等；捕食蚜虫的七星瓢虫；捕食介壳虫的黑缘红瓢虫、红点唇瓢虫等。此外，还有螳螂、食蚜蝇、食虫椿象、胡蜂、蜘蛛等多种捕食性天敌，抑制害虫的作用非常明显。

（3）利用食虫鸟类防治虫害。鸟类在农林生物多样性中占有重要地位，它与害虫形成相互制约的密切关系，是害虫天敌的重要类群。我国以昆虫为主要食料的鸟有600多种，如大山雀、大杜鹃、大斑啄木鸟、灰喜鹊、家燕、黄鹂等主要或全部以昆虫为食物，对控制害虫种群作用很大。

（4）利用病原微生物防治病虫害。①利用病原微生物防治害虫。在自然界中，有一些病原微生物，如细菌、真菌、病毒、线虫等，在条件合适时能引发害虫流行病，致使害虫大量死亡。利用病原微生物防治虫害主要有细菌、真菌、病毒三大类制剂。②利用病原微生物防治病害。主要是利用某些真菌、细菌和放线菌对病原菌的杀灭作用防治病害。方法是直接把人工培养的抗病菌施入土壤或喷洒在植物表面，控制病菌发育。目前国外已制成对部分病原微生物有抑制作用的微生物产品，如美国生产的防治根癌病的放射性土壤杆菌菌系 K84，应用效果显著。国内也已分离了一些菌株。在土壤中多施用有机肥，促进多种天然存在的抗生菌的大量繁殖，可有效防治果树根系病害，也是利用病原微生物防治病害的可行措施。

目前国内应用病原微生物防治病虫害的制剂主要有苏云金杆菌、白僵菌制剂、病原线虫。

（5）利用昆虫激素防治害虫。对危害相对简单的关键害虫，以及对世代较长、单食性、迁移性小、有抗药性、蛀茎蛀果害虫更为有效。昆虫激素主要有保幼激素、蜕皮激素、性信息激素三大类。其杀虫机理是使害虫生长发育异常而死亡。利用性外激素不仅可以诱杀成虫、干扰交配，还可根据诱虫时间和诱虫量指导害虫防治，提高防效。

4. 化学防治

使用化学药剂防治病虫害具有作用迅速、见效快、方法简便的特点，在现阶段果品生产中仍具有不可替代的作用。然而化学药剂的长期使用，存在着引起害虫抗性、污染环境、减少物种多样性、在果品中残留有危害人体健康有毒物质等多方面的副作用。尤其随着人民生活水平的提高，消费者越来越注重食品安全问题，如何科学合理、正确的使用化学药剂，生产无公害果品日益受到重视。

无公害果品生产并非完全禁止使用化学药剂，使用时应当遵守有关无公害果品生产操作规程和农药使用标准，合理选择农药种类，正确掌握用药量。加强病虫测报工作，经常调查病虫发生情况，选择有利时机适时用药。选择对人、畜安全、不伤害天敌、不污染环境、同时又可以有效杀死有害病虫的农药品种。严禁使用一切汞制剂农药以及其他高毒、高残留、致畸、致癌、致残农药，严禁使用未取得国家农药管理部门登记和没有生产许可证的农药。

参考文献

1. 冯玉增,张存立,张卫东. 石榴病虫草害鉴别与无公害防治[M]. 北京:科学技术文献出版社,2009.

2. 吕佩珂,等. 中国果树病虫原色图谱[M].2版. 北京:华夏出版社,2002.

3. 张玉聚,等. 中国农业病虫草害原色图谱[M]. 北京:中国农业科学技术出版社,2008.4.

4. 北京农业大学. 果树昆虫学:下册[M]. 北京:农业出版社,1981.

5. 冯明祥,王国平. 桃杏李樱桃病虫害诊断与防治原色图谱[M]. 北京:金盾出版社,2008.